图解湿地设计

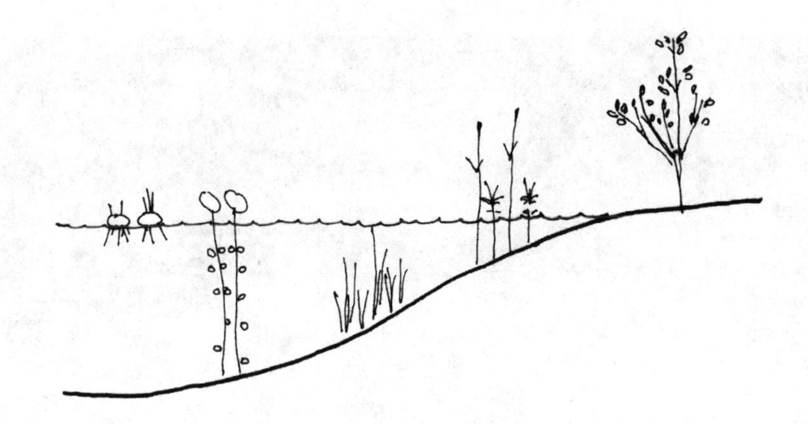

献给所有被湿地的美丽和魔力所吸引的人们，特别要献给一直以来为当代湿地设计师提供资讯的亨利·戴维·梭罗。

“救回一片湿地……几乎相当于创造一个世界。”

——亨利·戴维·梭罗

“将一片沼泽变成一座花园，尽管诗人不会认为这是一种进步，但是无论如何对全人类来讲都是一项有趣的事业。”

——亨利·戴维·梭罗

图解湿地设计

——风景园林师和土地利用规划师的湿地设计原则与实践

［加］罗伯特·L·弗朗斯　著
刘晓明　郭麒尔　郝嘉　邓璇　译

中国建筑工业出版社

著作权合同登记图字：01-2008-1384号
图书在版编目（CIP）数据

图解湿地设计——风景园林师和土地利用规划师的湿地设计原则与实践 /（加）弗朗斯著；刘晓明等译．—北京：中国建筑工业出版社，2014.7
ISBN 978-7-112-16708-1

Ⅰ．①图…　Ⅱ．①弗…②刘…　Ⅲ．①沼泽化地－园林设计　Ⅳ．① TU986.2

中国版本图书馆 CIP 数据核字（2014）第 083197 号

Wetland Design : Principles and Practices for Landscape Architects and Land-Use Planners by Robert L.France

责任编辑：张　建　董苏华
责任设计：董建平
责任校对：陈晶晶　姜小莲

图解湿地设计——风景园林师和土地利用
规划师的湿地设计原则与实践
[加] 罗伯特 · L · 弗朗斯　著
刘晓明　郭麒尔　郝嘉　邓璇　译
*
中国建筑工业出版社出版、发行（北京西郊百万庄）
各地新华书店、建筑书店经销
北京嘉泰利德公司制版
北京盛通印刷股份有限公司印刷
*
开本：787×1092毫米　1/16　印张：10　字数：170千字
2016年1月第一版　2016年1月第一次印刷
定价：40.00元
ISBN 978-7-112-16708-1
（25466）

目 录

致 谢

本书中绝大多数插图都是由卡洛斯·托雷斯绘制而成。特殊场地案例研究的地图则是由马修·塔克绘制。米娜·弗朗斯为手稿的准备提供了帮助，海伦·迈博则编辑了文字部分。我对以下各位充满感激之情，他们或是给我提供了信息，或是指导了我在湿地案例方面的研究：约翰·麦德佑、凯瑟琳·贝里斯、杰夫·哈里斯、加勒特·霍兰斯、劳拉·凯迪克、汤姆·利普敦、比尔·麦凯洛瑞、卡罗·迈耶里德、玛莎·皮威尔、哈姆·索隆泰迪克、马尔科姆·怀特海德和丹尼尔·温特波顿。这项工作的赞助来自哈佛大学设计学院和哈佛大学科学和艺术系的托兹尔研究基金。来自哈佛大学设计学院湿地课程和研讨会上学生的反馈，使得本书的原则得以很好的调整。

绪 论

湿地是美的形体与生态功能的完美结合，几乎没有其他地形能与之媲美。因此，湿地已经是，并将一直是场地设计和景观规划的重要因素。本书探讨了人工设计的湿地的创作、恢复、强化，以及建设方面的议题。并提供了湿地设计在地方的和场所特有尺度的实用指导。同时，也审视了湿地设计项目对流域的影响。

特别需要指出的是，本书提出并图示分析了许多湿地设计的关键原则，并把在科学与工程方面量大面广的、专门的资料提炼成让人可读的启蒙读物，从而使设计师在风景园林和土地利用规划中可以运用这些原则。同时，本书为湿地的创造和减损提供了更多的资料导读。本书介绍了 150 多个湿地设计和规划的概念，其中大多数都配有小段文字和简单的图表。

本书的第 1 章是介绍湿地损失和创造的历史，并详细探讨了两类湿地设计。

第 2 章为流域的土地利用总体规划，聚焦于区域自然景观内的湿地减损替代原则。也对实际应用这些原则的几种方法进行了探讨。首先，我总结出了具有潜在减损能力的湿地场地的身份识别、评估和优化的框架；其次，我介绍了能够体现许多规划原则的案例。

第 3 章为场所特有的景观构建，聚焦于湿地设计的原则。包括雨洪管理、污染物处理、生物多样性的维持，以及附带的惠及人类的益处。并对这些原则的实际应用也做了介绍。首先，文献中的平面图显示了湿地设计的真实案例。其次，遴选了运用了诸多设计原则的案例。

值得注意的是，本书的原则只是给出了一般概念，而不能理解为烹饪书中的严格指令。本书中偶尔会提供一些准确的数字作为设计标准，对这些标准需要进行总的评估，因为它们来自不同的资料。它们需要为适应区域的特点和特殊场地的特质而作出调整。有效的湿地设计所体现的场所特有的性质可以防止盲从任何详细的指导。总之，这些导则在深化概念设计方面应该非常有用。

这本启蒙书会让读者熟悉与湿地设计相关的术语、概念、愿望和过程。借此，风景园林师或土地利用规划师可以更好地制定设计计划，这种计划应该是有说服力的、生态上务实的、对环境有益的，并且是有实际可操作性的。然后他们就可以与专家团队进行建设性的对话，这个专家团队包括水利学家、生物学家、环境管理师、建设经理和市政工程师。他们的任务是将设计予以实施。本书的目标是通过引入在创造美观实用的湿地中已经存在的诸多可能性，来改进设计理念。暗含在书中并贯穿始终的一个重要思想是，对于生活在城市化日益严重的人们的福利来说，人工湿地的形式与水利、化学、生物的功能同样重要。

本书提供了一个乐观的、关于创新湿地设计潜力的视角。其最终要传达的信息是：功能单一、功利性的湿地和有着美学价值的多功能湿地相比，其差别与其说是缺乏空间，还不如说是缺乏想象力。我们要像梭罗那样，当谈到湿地时，必须有宏大的、富于想象力的美梦。梭罗曾经这样写道："如果德鲁伊的庙宇是橡树林的话，那我的圣殿就是湿地。"这一段话引自阿卡塔废水沼泽诠释中心的海报，这儿曾经是唯一一个多功能湿地。

注：本书在叙述的文字中采用了英制和公制；但是在插图中，只采用国际单位制。

图解湿地设计

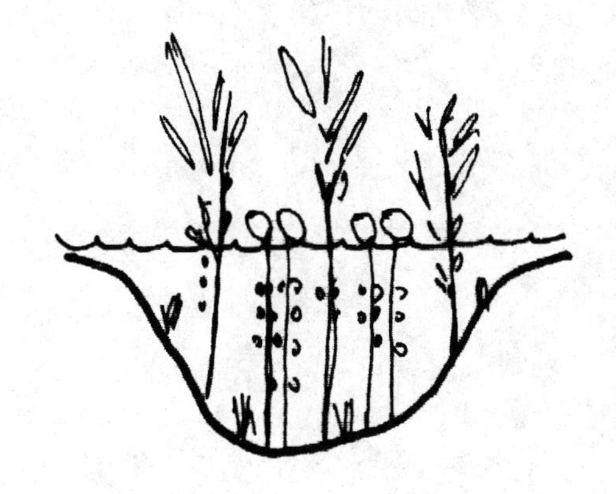

第1章

基础

第1节　历史的标志

一千多年前，中国的一位著名诗人来到了风景如画的古城苏州。他把著名的运河水引进来，营造了让情感和精神都可以享受安宁的园林，这就是沧浪亭。在这里，石与水的对比升华为艺术形式；在一系列神秘的小空间组成的网络里（图1–1），湿地植物成为现实与梦幻融合的焦点。设置位置经过巧妙构思的荷花盛开着，随风摇曳。赞美荷花的诗句和楹联更增强了它的感染力，花朵之艳美则激发了宾主吟诗作画的创作灵感。

图1–1

在中世纪早期，英国约克郡遥远偏僻的山谷里，有一位不知名的西多会修士和一位石匠在讨论修道院未来的水系统。他俩在有意无意中继承了古罗马、中国及墨西哥的多用途水利设计的悠久传统，把附近山谷的溪水引到一系列主要用来养鱼的浅湿地，还烘托了沉思冥想的氛围。回环的水系奔流着，经过修道院的下面，与修道院厨房和公共厕所的污水汇合，通过河边的湿地，汇入谷底的溪流之中。

在19世纪中叶，有一个人总是在美国新英格兰地区的乡村漫游，然而，他并不是在书写破旧立新、愤世嫉俗的优雅散文，这一点连他的邻居都觉得有点古怪。他经常涉足于湿地间（图1–2），“调查研究植物生长情况”，并会忘情地戏水、涉水或者游泳。亨利·戴维·梭罗的永久遗产就是他所作的大量的野外记录。这些记录后来都可以从他出版的杂志和书籍中找到。此前从来没有人这样描述过，而之后也很少有人如此描述湿地的魔力、神秘和美丽。这些地方既有生物学的魅力也有先验的泛神论的影响。

在19世纪的最后25年，有一位杰出的理想主义者用他的才华成功解决了一个重大的环境问题，这就是波士顿高速城市化时期出现的问题。

图1–2

图 1–3

他的规划重点在于恢复殖民时期之前的盐沼，减轻具有潜在危险的季节性洪水，降低污水排放的健康风险；同时提供娱乐机会，将历史的城市中心与其边上的新社区联系起来。弗雷德里克·劳·奥姆斯特德在马迪河的后湾芬斯泥河的工作，是他更大的“翡翠项链”公园系统规划的一部分，这个“世界上最著名的美丽城市水处理湿地”是他的巅峰之作。当然，他设计的美国最古老的公园系统也同样精彩（图 1–3）。

在接近 20 世纪的时候，有位折中派人士，在面临失明威胁的情况下，做了一个大胆的实验，他为此着迷了 30 年。这位艺术家为他所见的威尼斯水世界所倾倒，他违背邻居们的意愿和严格的分区法规，改变溪流的走向，建造了湿地，并在上面建了一座日式小桥。无疑，世界上没有哪块湿地能像在吉维尼的莫奈的睡莲池塘那样，丰富了艺术的世界。莫奈把他的湿地扩大了 3 倍，这可以满足他在画布上捕捉光线的要求。他的 300 多幅睡莲画作代表了历史上最美丽的绘画时代之一。

如今，西多会修道院的残垣断壁无声地见证了亨利八世统治下遭遇的动荡，这里迷人的水利系统全都被掩埋。梭罗在湿地上的一些落脚点由于瓦尔登森林项目使其暂时免受开发的侵占，而他经常出没的康科德河附近的潮汐湿草甸，则被永久地改为池塘来养水禽。奥姆斯特德的芬威沼泽地公园已经变成功能损坏和污染混乱之地，这是由于城市规划师和工程师重构了主要的水利设施，从而导致排水不畅，泥沙淤积，并改变了系统的植被和整体生态。莫奈在吉维尼的水花园和苏州的那些水花园，在几十年前都已得到妥善的修复，但现在需要特别注意防止成群结队的游客把它们“爱死了”。

第 2 节　湿地的损失

世界上湿地的面积超过 300 万平方英里（800 万平方公里）。在北美洲，大概一半的水禽在湿地筑巢，商业贝类捕捞量和垂钓业钓鱼量的三分之二来自湿地。每年有 5000 多万人观察和拍摄居住在湿地的野生生物。这些都是好消息。

然而，坏消息则是历史上，人们虐待和利用湿地来建造海港、住宅基地和农田，也许仅仅是因为他们把湿地想象成为窝藏害虫和罪犯的邪恶的洞穴。这种态度转变的速度像冰川的步伐一样缓慢。令人震惊的是，早在 1994 年，帕德里克（W.Patrick）就指出：

> 直到最近人们对湿地还是持否定的看法。大概 15 年前，我向联邦政府提出了一个研究计划，研究从高地流向临近湿地的植物养分的命运。这个计划得到了资金支持，但是作为负责该项目的官员，联邦机构的科学家在描述这项工作的时候，把湿地一词改成了荒地。他以前从来没有见过湿地这个词，认为我把荒地拼写错了。这个联邦机构现在开始支持关于湿地的研究。在英国，湿地的术语仅仅在 10 年前才开始使用。

这样的态度导致美国净损失的湿地面积大约为原有的 1.97 亿英亩（8000 万公顷）的一半。对某些州来讲，这个损失的比例高达 90%。

绝大多数的湿地损失来自农业的排水和整理土地。城市发展的需要至少夺走了 10% 的淡水湿地。具体损失的因素包括放牧、化学改变（营养管理体制的改变、有毒物质的引进）、娱乐的过度使用或滥用。更重要的是实体上的改动（充填、排水、挖掘、整地、引水、洪水、沉积物截留、蔽荫、河岸的影响，等等）。

第 3 节 积累的景观影响

这个社会感觉到的湿地损失量和湿地现有的保存量之间存在奇怪的差异。通常湿地充当的最重要的作用和任何特定的单一湿地无关，而是与许多湿地对大范围的景观过程造成的累加影响有关。例如，在过去 10 年里，美国那些遭受大洪水的区域（受厄尔尼诺现象影响的加利福尼亚州和受密西西比河影响的中西部地区）已经失去了超过 80% 的原始湿地。尽管如此，许多具体项目仍然可以得到建设许可证。因此有人担心环境正处于被一点一点地蚕食至死的危险中。

湿地不是孤立存在的。就对陆地生物干扰的敏感度而言，湿地是与周围景观相联的。它依赖于周围水体的存在性和可达性。湿地功能相互依存，因为从一个流域的角度来看，它们是一个复合体，共同运行着，它们的损失也是共同的。例如，假定我们把湿地可以看作在陆地海洋中的栖息岛，它们分成的独立斑块对迁移动物产生深远的影响，因为这些迁移动物需要几个相邻的湿地才可以维持其生命周期。难怪孤立湿地与维持有大片湿地复合体的地区相比，每个湿地单元中水禽物种的丰富度要低。

因为人类逐渐地在大范围景观里改变湿地，湿地损失的结果只能通过区域的流域规划来进行准确的评估。

第 4 节 置换减补

最近人们认识到湿地可以带来巨大的好处，房地产业也越来越认识到在湿地附近建设住宅的经济利益，这样的地块可以带来更高的房产加价。这意味着自然湿地正在日益受到威胁。然而，这也意味着，人们会出于经济以及生态的诱因，建造新的湿地作为补偿，以此减轻湿地的损失。

减补是指在开发压力下损失的湿地（大概是不可避免的）换到其他地方作为补偿的过程。这个过程可以采取直接的“实物”或“一换一”的形式，实用地创造新的湿地；或者完全恢复，或者加强现有湿地的功能。

根据有关法律规定，置换的湿地一定要离原来损失的湿地尽可能的近，或者在异地，有时可以聚集成大面积的减补“库”。对于湿地减补库的概念，甚至一般意义上的湿地减补概念，仍然存在争议。建减补库的支持者强调，其首要的吸引力在于将创造无数小块、孤立的湿地，使之合并成一个大的水文和生态良好的场所，更容易监控和管理。人们认为对于流域来讲，精心设计的湿地库比在流域中单独开发零散的湿地更有利于流域。

不幸的是，有关湿地置换减补的记录很少。诚然，大多数此类项目的失败是由于设计不好，选址有误，缺乏长期维护计划，没有提供整个流域环境中湿地多重作用的知识。

目前，需要大大改善的湿地减补领域迎来了很好的机遇，这是在受过新兴学科——水域管理——培养的土地利用规划师的领导下进行的。新的重点是以生态学和社会学的区域框架为基础，减补和调节对湿地开发的影响。

第 5 节　湿地创造

当代正式建造具有污水或污染物处理中心功能的湿地的过程只有几十年的时间。令人惊讶的是，工程师和科学家花费了很长时间才意识到，他们努力在污水处理厂控制环境建立的仿生生物分解过程，早已自然地存在于许多湿地之中。

在过去的十多年里，人们越来越认识到利用人工湿地处理污水和雨水可以带来许多额外的利益。简单来说，这种系统总体上是自我持续的，可以很好地适应多变的污染物负荷率和水的流速，有足够的应变力来适应许多不同的景观，当然也具有美学方面的吸引力；而且建设成本几乎总是比较低。如今，在美国和欧洲已经建设了 1000 多个污水处理湿地。

建造污水处理湿地通常每英亩大约要花费 5000~6000 美元［合每公顷 12000~66000 美元（平均值为 24000 美元）］。这相当于常规的化学处理设施造价的 10%~50%，而其中长期运行和维护的费用约占到总费用的一半。人们还估算出，一家或五家一组的分散式污水处理系统（如湿地）的造价最多可比集中污水处理系统便宜 3 倍。

不幸的是，许多已经建好的污水处理湿地，尽管在消除污染物的功能方面很有效率，但是它们的最终形象却呈现出令人尴尬的丑陋。这是因为许多工程师对大自然抱有功利的观点，他们的目标经常是构建一个划算的功能处理系统，而不考虑美学要求。

现在，风景园林行业迎来了很好的机遇，就是通过重塑并积极推进污水处理湿地的建设。这些湿地的设计动机包含对自然环境更多元化的观点，这些观点与创造的成果有密切的情感联系。把“建设”湿地改为“创造”湿地就是一种有意识的转变。查尔斯·狄更斯在《匹克威克外传》中有这样美妙的台词［也引自大卫·赛尔文森（David Salvesen）在湿地减补方面的著作］：“建设和创造之间的根本区别确切地说就是：所建之物只有在建成后才会受到人们的喜爱；但是创造之物在出现之前就已经受到人们的喜爱了。”这个强有力的名言重新指出湿地创造的方向是一个不断发展和成熟的领域。

第 2 章

流域的土地利用规划

几个世纪以来，由于人类对环境有害的活动已经大大改变了地球的水文循环。就其物质形式而言，水已成为一种小到支流，大到区域排水区的环境干扰集合体。结果，当地的、场所特有的行动对更大的景观产生了累加影响。因为环境的完整性已经受到破坏，有前瞻性的设计项目可以带来积极的环境效益。创造湿地就是一个既可以提供场所特有的优势，又可以提供整个区域景观效益的重要工具。本章所述的土地利用规划主要是针对淡水湿地而言。

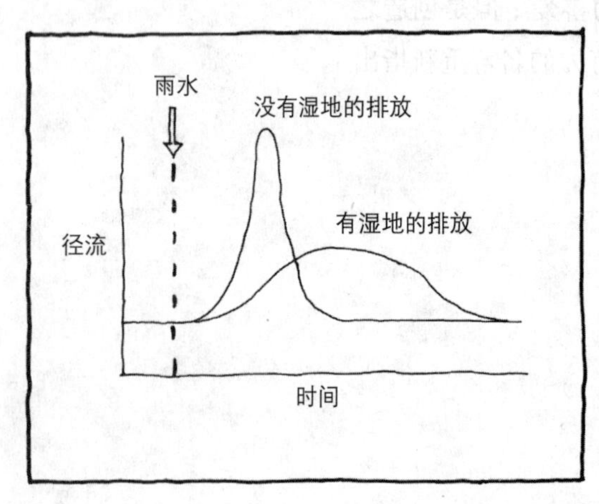

图 2–1

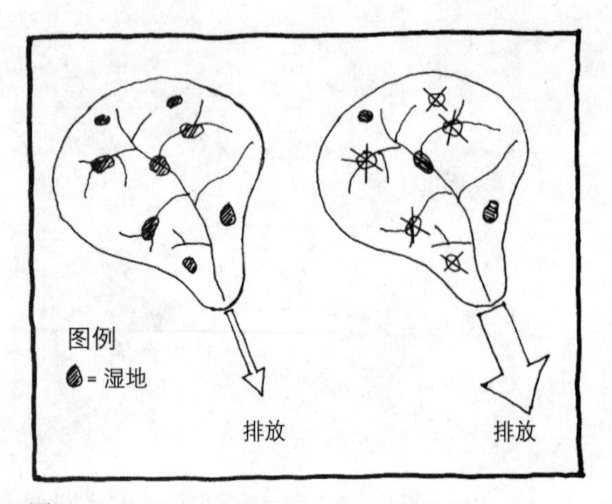

图 2–2

第 1 节　主要原则

水文调节器

湿地是指“潮湿的土地”，正因为如此，与水文循环紧密耦合在一起。

减少洪灾

（a）场所特有　湿地像一块巨大的海绵那样运行，它减慢并吸收过量的雨水径流，然后通过一段很长的时间逐渐释放储存的水。这就减少了下游的洪峰流量并降低了发生洪灾的机会（图 2–1）。

（b）景观影响　上游湿地损失的百分数与流域中增加的洪峰流量排放的百分数之间存在巨大的正相关性（图 2–2）。

沉积物控制

湿地降低洪水的速度，从而使沉积物沉淀。这样可以减少下游的沉积物及其进一步腐蚀冲刷。

污染物下沉

保留和去除湿地中的污染物取决于一个复杂的、互相关联的化学转换系统，有三个主要途径——物理、化学和生物途径。在污水处理湿地的设计中要考虑每一个去除机制。

去除机制

（a）物理的　当水流过湿地时，污染物通过沉淀、过滤、吸附和蒸发的简单物理过程就可以去除。

（b）化学的　去除污染物不仅要有一系列的化学分解反应，还要采用化学沉淀和吸附的方法（图 2–3）。

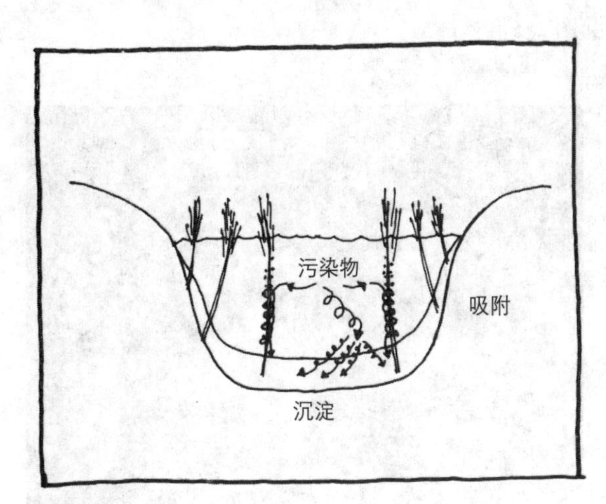

图 2–3

（c）生物的　进一步去除污染物，要通过微生物和植物（含藻类）的新陈代谢、植物的吸收、最终自然的死亡和有机物的沉淀积累来进行（图 2–4）。

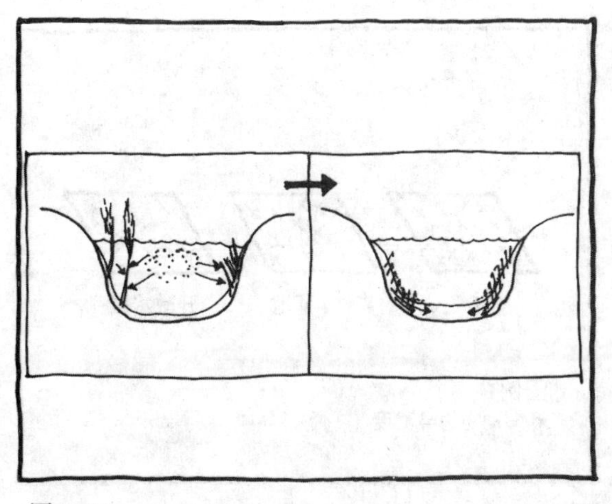

图 2–4

去除的特殊性

去除机制由于污染物的不同而不同，这会影响整个湿地的设计，要强调一些更有益的去除过程。

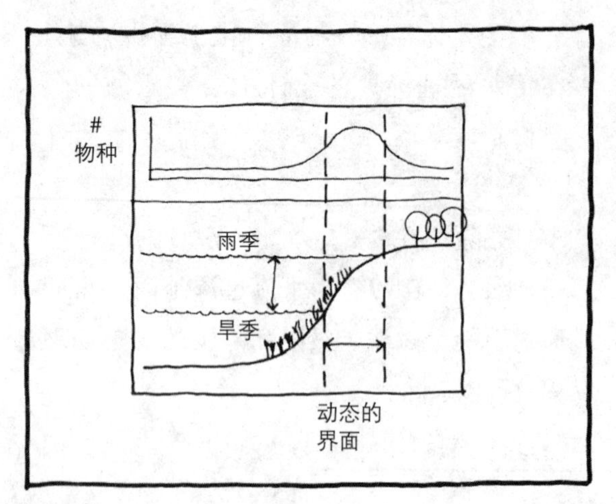

图 2–5

野生生物中心

在一些流域中，湿地最重要的作用是构建和保持生物完整性的能力。

栖息地的复杂性

（a）水岸生物多样性中心　湿地的岸线是动态的，它们波动的水位与变幻莫测的气候有关。因此，这些广阔的水陆生态过渡带，吸引了各式各样的陆生和水生动植物物种（图 2–5）。

图 2–6

（b）水生生物栖息地结构　在湿地的不同水深处可以满足挺水植物、沉水植物和浮水植物的生长，这反过来又吸引了很多动物来产卵、筑巢、繁殖、喂养，同时也作为躲避捕食者和抚育后代的场所（图 2–6）。

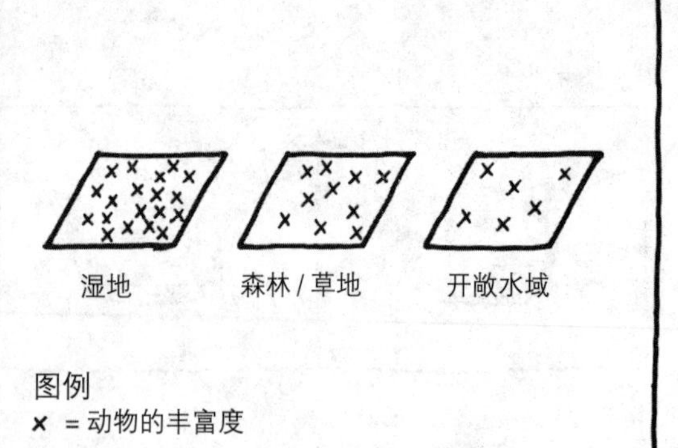

图 2–7

生产力热点区

（a）特定场所　湿地是地球上植物生产量最大的栖息地，因此它可以维持相当大比例的地表动物生存（图 2–7）。

（b）纵向连接　湿地有机物质的输出，是水生生物和位于下游的水禽的重要食物来源。

（c）濒危物种的守护神　尽管湿地只占总陆地面积的 5%，在所有珍稀濒危动物中超过三分之一的物种，或是湿地本身的居住者，或是由于各种必要的目的紧紧依赖于湿地（图 2-8）。

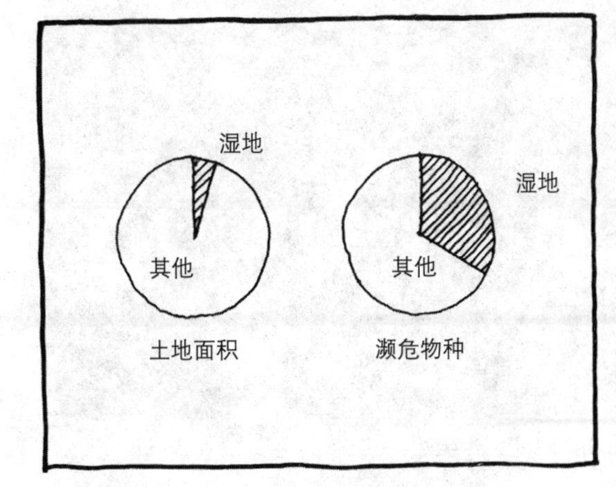

图 2-8

景观格局和影响

（a）大小与多样性的关系　动植物物种的多样性与单个湿地的表面积密切相关，并且呈线性增加（图 2-9）。

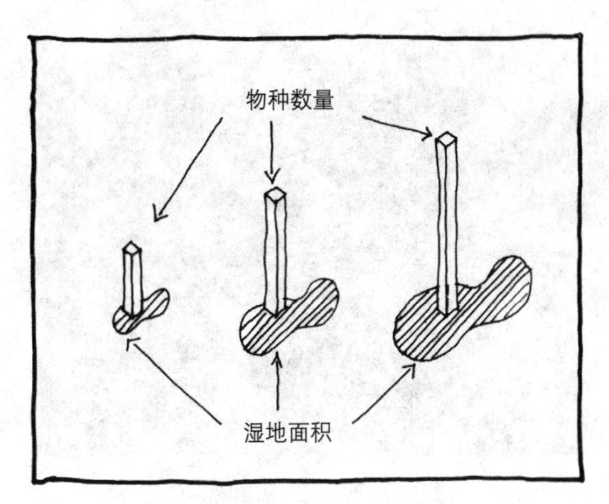

图 2-9

（b）优势与密度的关系　动物的丰富度与一个区域中湿地的数量密切相关，并且呈线性增加（图 2-10）。

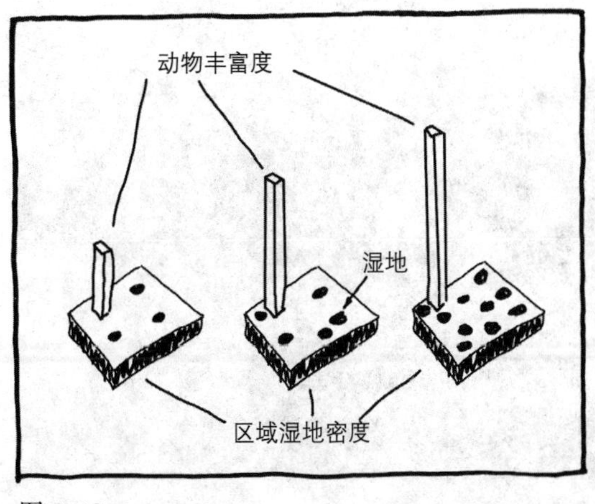

图 2-10

图 2–11

管理的影响

新创造的湿地很快就会被一大批多样的动植物侵占。这种高丰富度意味着这些新湿地可以迅速成为重要的自然资源（图 2–11）。

人类的享受设施

湿地长期被轻视为“荒地”，但现在却被公认为是给人类带来较多益处的供应者；此外，它们在水文、水质和生物多样性方面也起到重要作用。

图 2–12

心理的支持

（a）美学　湿地是风景中最美丽的一种。它们在位置、环境、大小、形状和生命形式构成等方面呈现的多样性为人类提供了宝贵的视觉盛宴（图 2–12）。

图 2–13

（b）野生开敞空间　湿地通常位于居民区和工业区之间，它作为野生状态的缓冲区，可以减轻日益城市化的生活方式带来的压力（图 2–13）。

娱乐

湿地是极受欢迎的水陆娱乐活动场所，例如散步、慢跑、观鸟、钓鱼、摄影、绘画、划船和射击游戏（图 2–14）。

图 2–14

历史

由于早期原住民和殖民者通常定居在作为食物来源的湿地附近，这些区域可能还有丰富的文化和考古遗产（图 2–15）。

图 2–15

教育

我们可以通过在湿地设置解说牌、建筑和亭子，以及教学计划为人们提供学习自然历史的机会（图 2–16）。

图 2–16

第 2 节　规划导则

虽然湿地创造经常只是在有限的、场地特有约束的条件下进行的，但是这对区域范围内的土地管理问题有直接的影响。因此有效的土地利用规划决策需要认真关注湿地的问题。直到现在，大多数湿地减补项目都在零碎的地块上，而很少或根本没有顾及在更大的景观层面上这些项目的意义和影响。鉴于损失—置换模式的湿地状况欠佳，湿地减补领域急需转变模式，使得土地利用规划师能对此做出有效的贡献。土地利用规划师的一个重要的愿望就是促成把湿地当作更大的流域景观整体的组成部分，以利于保证水体的数量和质量，以及维持野生生物的栖息地。采纳本节论述的原则，将有助于达到这一目标。

工作标准

下列主题是一个框架，用以评价在土地利用规划中湿地创造项目可能产生的预期作用、减补的必要性、潜在的危险和弹性的期望。

功能等效

尽管湿地的功能受到它的植物结构的直接影响这一看法已达成共识；但是在现实中，很多变量都影响着湿地的功能，有的时候与植物无关。在许多情况下，水文才是影响湿地功能的基本因素，并且它最终决定湿地设计项目的成功与否（图 2–17）。

图 2–17

价值

一般来讲，很少会有独立的湿地能提供所有湿地的所有价值，有时价值之间可能是互相排斥的（例如，一种价值，水禽需要开敞的水域；然而另一种价值，沉积物—污染物的滞留需要能减缓水体流速的茂密植被）。

湿地的类型

（a）变化性　不是所有的湿地都是相同的：类型包括草本湿地、酸性湿地、中性或碱性湿地、丛林湿地、湿草甸、河口湿地、积水坑湿地、泥炭沼泽、植物湿地（由森林和草本植物覆盖的湿地）。知道湿地是如何在气候与地貌对水文的影响下塑造和调节的，对于理解它们的损失或创造将如何影响周围环境是必要的。了解将要损失的湿地的确切类型将大大有助于任何减补规划（图 2–18）。

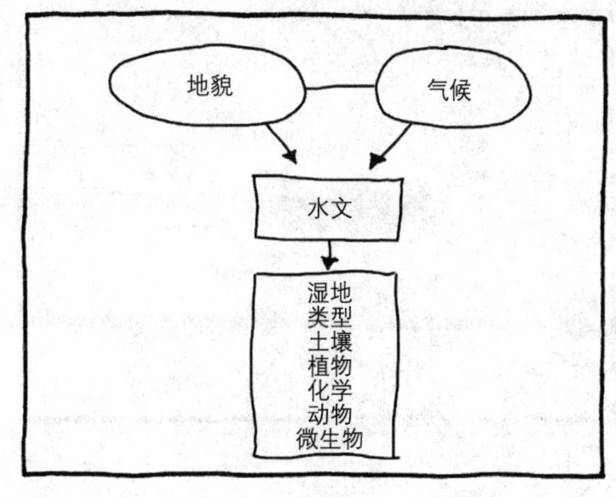

图 2–18

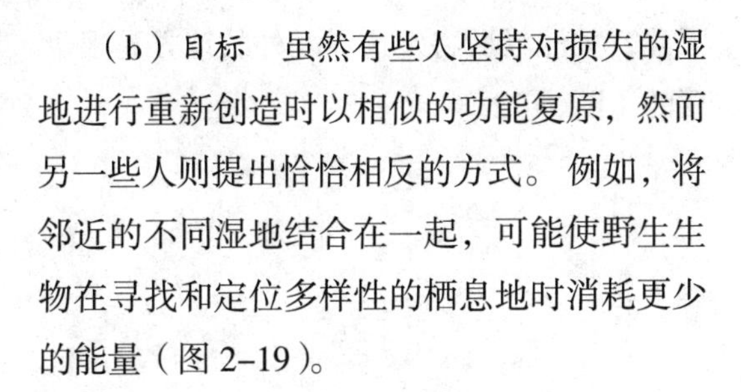

（b）目标　虽然有些人坚持对损失的湿地进行重新创造时以相似的功能复原，然而另一些人则提出恰恰相反的方式。例如，将邻近的不同湿地结合在一起，可能使野生生物在寻找和定位多样性的栖息地时消耗更少的能量（图 2–19）。

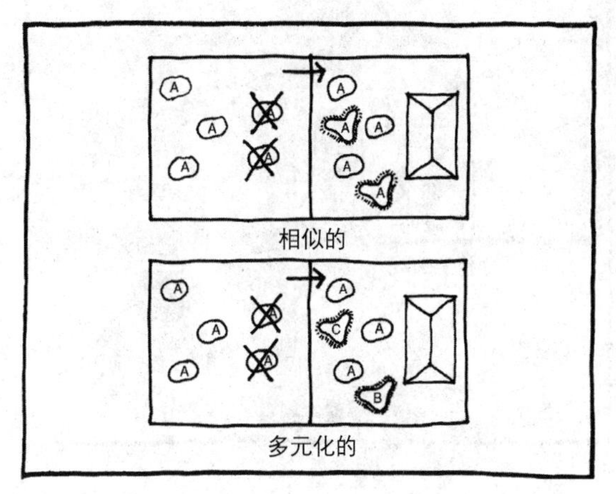

图 2–19

景观视角

（a）整合　成功的减补依靠于理解独立的湿地与其景观之间的关系。否则，采取零散的方法仍会无效。一旦湿地通过水域的功能分析后被重新整合到景观的其他部分，减损项目就可以发挥出最好的效果（图 2–20）。

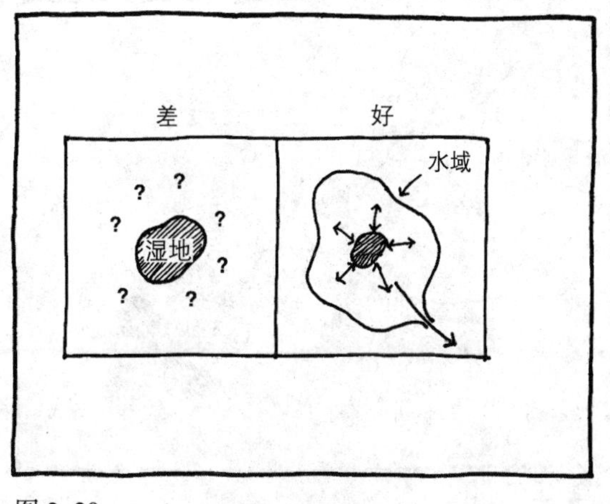

图 2–20

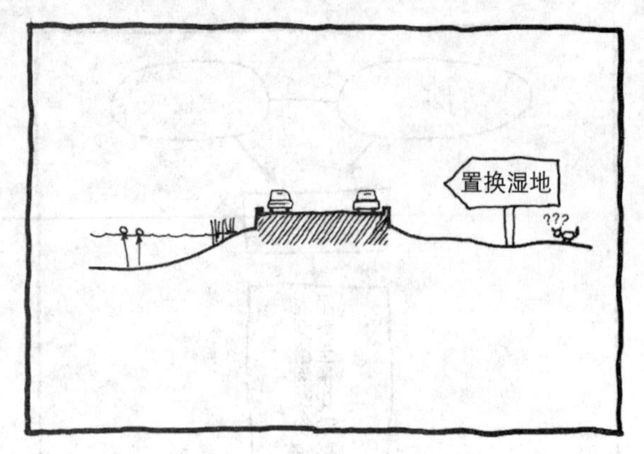

图 2–21

（b）累加效应　除非检查和密切调节，替代减补有可能大大改变在广阔的地理区域内湿地生态系统的类型和空间分布。当务之急是要认识到众多减补项目对整个景观的累加影响（图 2–21）。

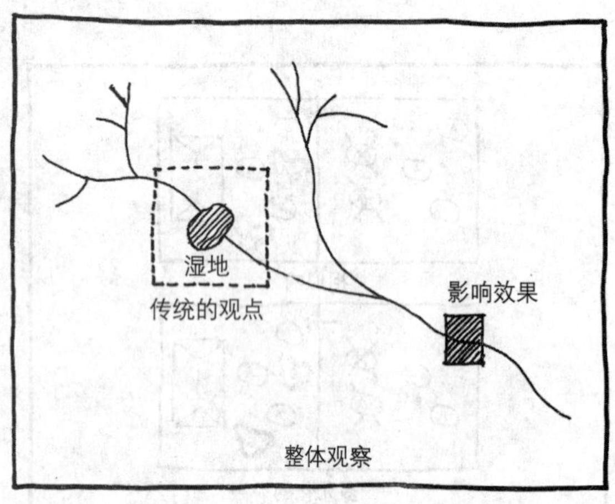

图 2–22

（c）场地外的影响　有时创造湿地项目产生的最重要的环境影响发生在流域下游。因此，关注场所特定边界之外的地方是很重要的（图 2–22）。

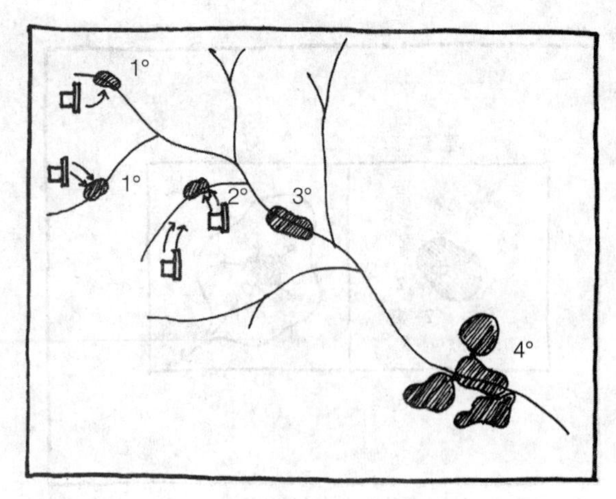

图 2–23

（d）分级效用　在流域中所创造的湿地的位置会影响其预期作用。第一级湿地是在场地内直接处理污染物；第二级湿地远离点污染源，处理各种来源的、污染较轻的水，但也提供了一些额外的用途；第三级湿地通常位于上游流域水岸带；第四级湿地位于水域下游的更大的复合地带，并且像第三级湿地一样，对防洪和野生生物栖息地的重要性等同于去除污染物（图 2–23）。

前瞻性的方法

随着湿地的恢复，我们有必要事先确认，在湿地恢复后，哪些湿地场地可以为流域提供最大的生态效益。这种方法是有利的，因为它能帮助管理者和开发者避免不必要的高代价的冲突，减少政府调控，促进公众意识，考虑到对累积的影响的评价，并提供一个客观的框架去判断一个项目的成功（图 2–24）。

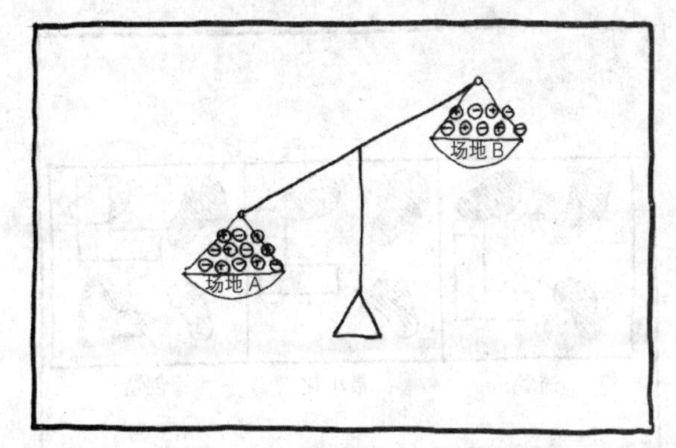

图 2–24

自然最了解自身

自然的自我设计能力，在生态系统发展中一直是首要参与者，人类可以从其中学到许多。例如，让乡土物种重新占领一块土地通常比种植预定的苗圃植物更好。在土地利用规划中的湿地减补的简单座右铭就是："少点设计，多点领悟。" 为自我设计、自我调节、自我维护制定规划。

初期的政策

以下的问题，对确立湿地减补的基本原则很重要，必须在规划过程的初期处理。

团队组建

外部协商的必要性和类型应该在规划初期阶段得到认识并解决。

许可

为控制住浪费的时间、努力和经费，对有关湿地的许多管理上的细微差别和其在复杂的法律过程中的适宜程序，我们一定要有所认识，并使之得到贯彻和应用（图 2–25）。

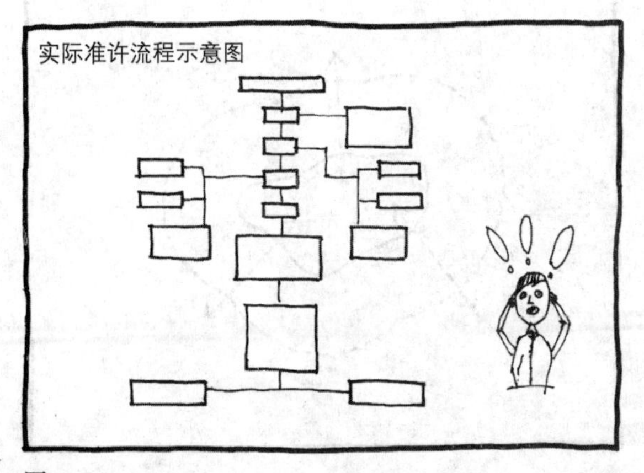

图 2–25

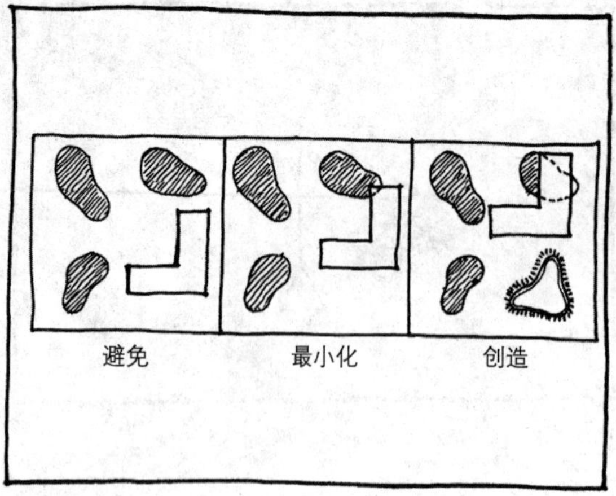

避免 最小化 创造

图 2-26

项目的正当理由

应采用逻辑递进的减补理由。首先，团队必须证明，避免湿地受威胁是不可能的；然后证明他们如何将开发的影响降到最低；最后，必须明确接受把创造置换湿地作为最后的手段（图 2-26）。

恢复方法

至少有四个恢复策略是可行的，其中没有一个是相互排斥的：恢复或管理水文、修复基质、恢复和维护本地生物群、消除或控制入侵的外来物种。

数据采集

需要有湿地资源的清单来评估其对于群落和生态系统的价值，并帮助确立成功管理水域的具体目标和明确步骤。这个过程最终的结果是提前确定那些湿地是否适合填充，从而有助于避免对珍贵湿地资源的影响，为土地征用或保留提供目标，并将潜在的减补场地进行优先排序。

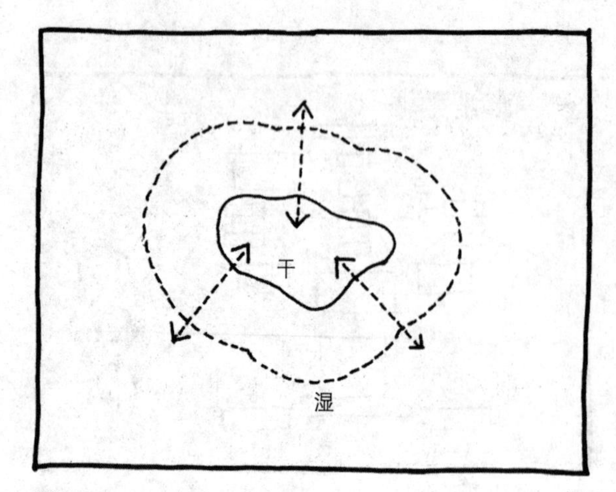

图 2-27

目标湿地

（a）划界　尽管在管理上需要有严格的、可识别的边界，但是有必要认识到湿地的边界是动态的。作为对气候以及随之而来的水文的反应，湿地边界每年和每个季节都会产生波动（图 2-27）。

（b）生态评价　在已建湿地范围内，需要对场地特有情况进行详细调查，来确定静态（植物的生物量、物种鉴别和多样性等）和动态（植物的生产力、水和化学药品的来源）的变量，以便正式确定丢失和置换环境的特征。

流域分析

（a）水文　在水文功能上来讲，湿地减补可能性的评估源自于对湿地中水的运动模式的广泛调查，这种模式是在流域中，从水源“捐助者”通过“传送者”下到“受捐助者”的过程。有关湿地中的洪水承载力、水位波动，和地表补水关系应该做成图表，以促进规划目标的实现（图 2–28）。

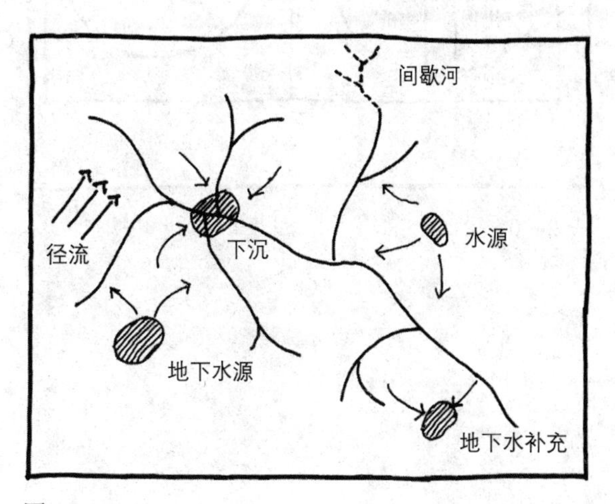

图 2–28

（b）化学　在整个流域建立的水文监测点进行系统的样品采集，需要制定全面的化学预算。把这些信息做成图，可以计算位于沿海的氮等元素的质量负荷率，或地处内陆的磷元素的质量负荷率；全部悬浮固体负荷率；可以确定与具体水域位置相关的问题污染物（图 2–29）。

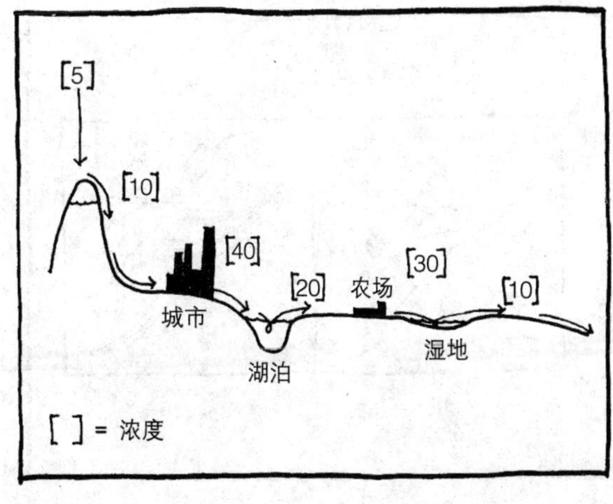

图 2–29

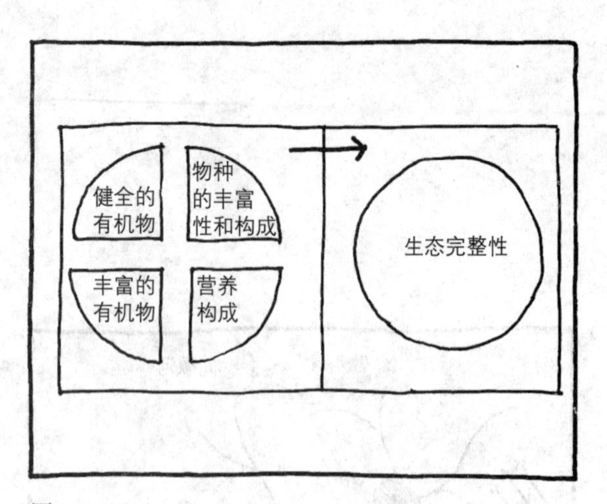

图 2-30

（c）生态学　当目标是预测不同动物群体在湿地的栖息地之间的运动能力的时候，分开的距离、内在的吸引力、群落和景观生态学的分支学科，在规划阶段就成为重要的方面。对于群落生态学，需要评估与野生生物栖息地的利用有关的地理信息系统图来表达物种的丰富性、多样性、营养构成，依赖植物组团分析和生物完整性的信息是必需的（图 2-30）。我们急需将我们的工作重点从特有物种的途径转移到更包容、更整体、功能更健全的栖息地的质量测量上。对于景观生态学来讲，关于片断镶嵌、廊道连接、大小、形状、边缘效应，以及与湿地生境斑块相毗邻的模式的地图信息都是需要的。我们需要将我们的工作重点从独立的湿地转向更大的湿地复合体。

（d）人的享受设施　为了教育、研究、娱乐、审美享受的目的而保留在城区和郊区的湿地片段要与该地区其他场地相结合，共同产出最好的效益。采用以景观为基础的视觉质量偏好因子的分析，可以帮助建立规划标准。

减补策略的采用

减补的损失—置换策略是根据所需的介入程度来开展的。

恢复

恢复比创造涉及更少的风险和更多的成功。恢复技术包括割断有问题的排放，如去掉填方、现场重整坡度、重新种植乡土树和改变水文等（图 2-31）。

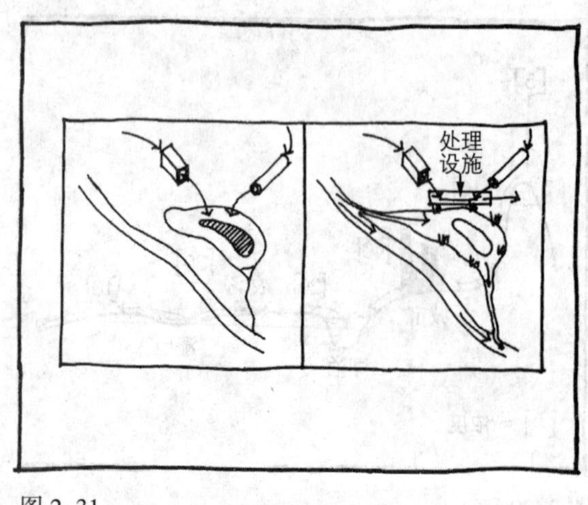

图 2-31

强化

强化是通过加强独有的功能特点，有时以牺牲其他功能为代价，来改善现有的、已被改变或受影响的湿地。在湿地难以重新创造的情况下，往往最可行的减补措施是通过强化手段形成一个完全不同类型的湿地。例如，一个森林湿地或者草甸湿地可以转变成一个开敞的水面区域，其功能有野生生物栖息地、雨水滞留和美的需求（图 2–32）。

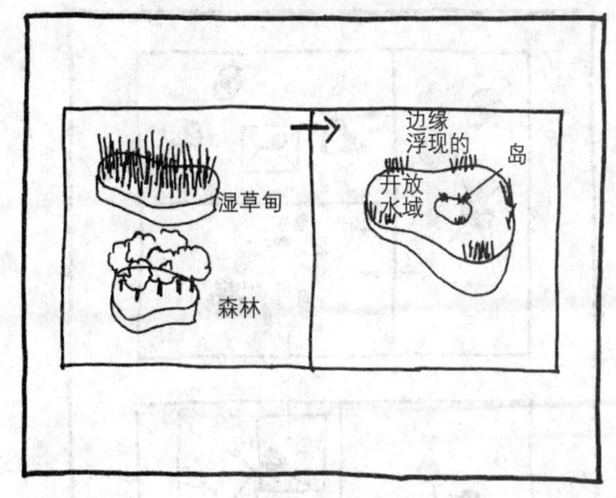

图 2–32

创造

作为湿地减补的最后一个选择，创造湿地项目为景观的艺术性和创新提供了巨大的机遇，但它们必须与生态功能的得失联系在一起（图 2–33）。

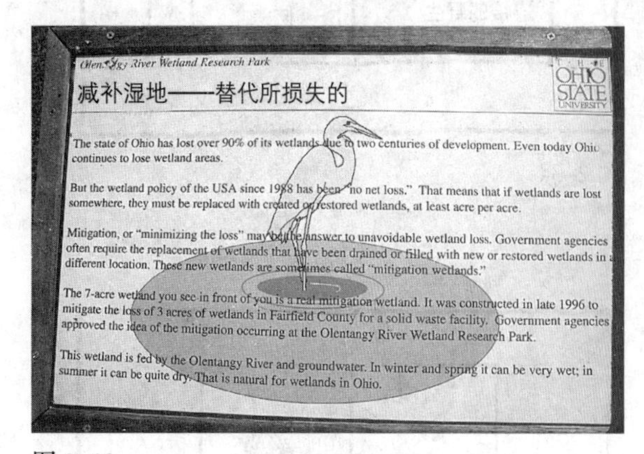

图 2–33

场地选择

筛选出潜在用以补偿损失的地块，并对其湿地功能、项目愿景，以及法律许可进行评估。

功能等效性评价

场地的大小不是在评价可能失去的湿地的健康和生态重要性的时候应该考虑的唯一的属性。功能方面的属性，例如水文、水岸稳定性、营养供应、沉积物和污染物滞留、地下水回灌、植物群落的生存、食物生产输出，以及野生生物的多样性和生产力，是主要的考虑因素。这些因素在场所特有的设计导则中有详细论述。

位置选择

湿地减补置换成功与否取决于合适地选择地点，也取决于所选场地的实际设计。理

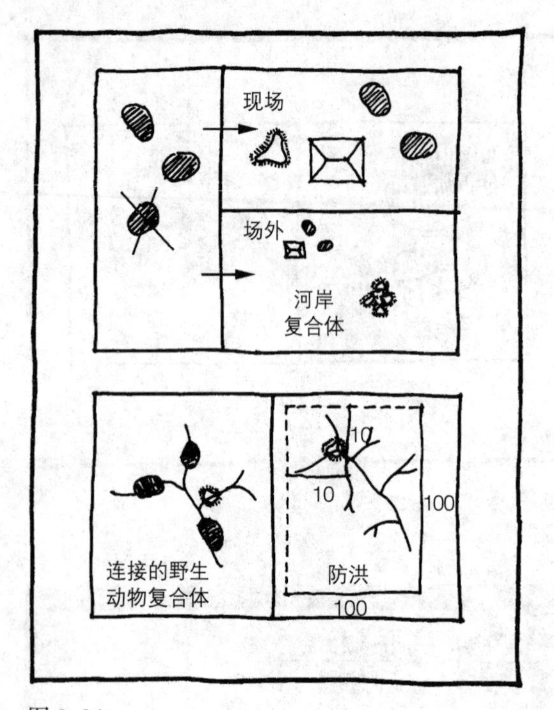

图 2-34

想情况下，置换的湿地应尽可能接近原来湿地所在的地点，以维持流域功能。然而，在某些情况下，随着空间的要求和限制或监管的可能性和制约，异地的减补可以提供更大的累加效益。例如，为野生生物设计的置换湿地，主要包括孤立的"绿洲"湿地或那些与湿地网络连接的湿地，而不是那些均匀分散在景观中的湿地（下图）。为减轻洪灾而设计的湿地，其理想的位置往往是在所有上游水域占据地表面积约 10%的流域位置（下图）。最后，把减补湿地分组到集中的库区，并把它们安置在具有提供最大流域效益可能性的地方，这被认为是一种积极的方法（上图）（图 2-34）。

规划的制定

损失—置换减补规划需要考虑所创造的湿地项目的位置空间的影响。

补偿率测定

补偿置换率必须靠经验，以及测量野生生物生产力和物种多样性或减弱洪灾等这些湿地功能来确定。这将决定创造的湿地需要多大才可以补偿在开发过程中失去的湿地。这种以补偿率为目标的明确规定可以帮助开发商事先做好项目规划。在任何情况下，补偿必须非常慷慨，以适应创造的湿地由于无法预见的原因而表现不佳。典型的情况是这样的，每直接减损 1 英亩的湿地，需要创造至少 2~3 英亩（1~2 公顷）的湿地。每损失 1 英亩恢复和优化减补的湿地，则需要恢复最多 4~20 英亩（2~8 公顷）的湿地（图 2-35）。

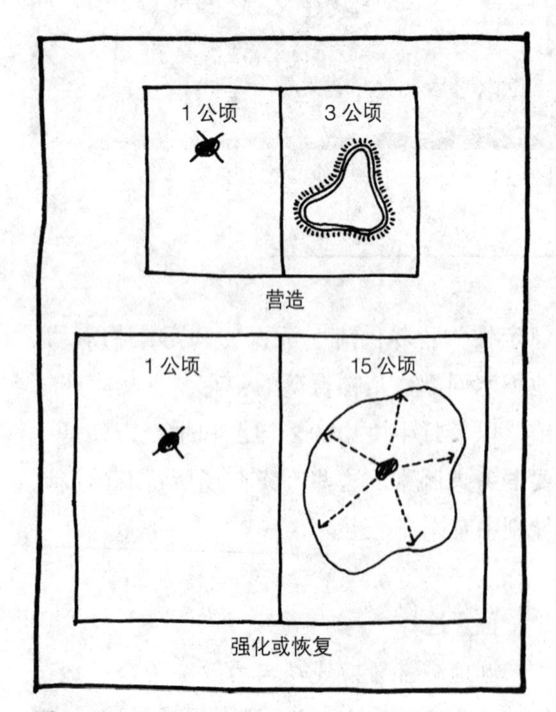

图 2-35

减补的建议

除了要详细介绍种植、监测和应急计划、施工方法和费用估算（在之后的特定地点的设计准则里有），减补的建议还必须包括正式论述失去的地带和预期创建、恢复或优化的湿地。

后续工作

成功识别

（a）是什么　减补置换成功的一个良好指标就是一个具有长期可持续性的生产力自收自支的生物多样性的湿地的建立。

（b）怎么做　与其他流域的自然湿地的功能进行等效性评价可以最有力地证明减补是否成功（图 2–36）。

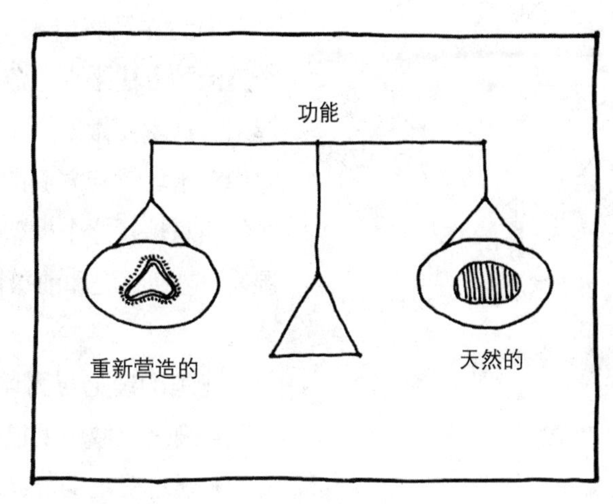

图 2–36

（c）何时　在 3~5 年内，在每年一次或两次的监测基础上得到表面的“成功”，并不能满足真正的生态评价要求。在某些情况下，减补湿地必须在数十年里经常重新评估，才能对最终项目的成功作出正式判断（图 2–37）。

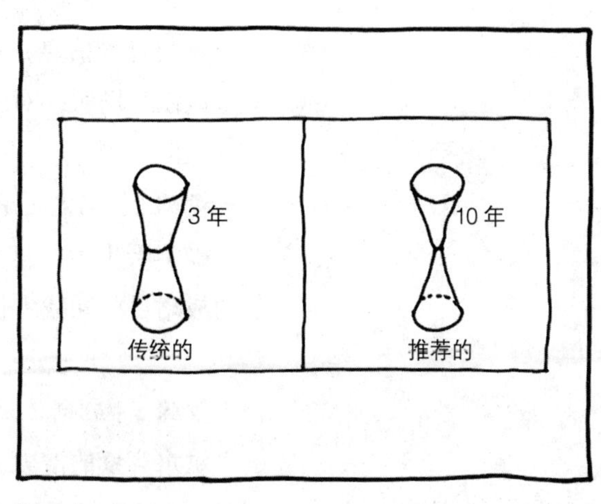

图 2–37

第 3 节　实际应用

场地确定与评价的总体框架

下面所列的方法是在水域管理工作中，最有启发的、科学缜密的、逻辑正确的三种湿地减补置换的规划工具。

马萨诸塞州湿地恢复的方法

因为在马萨诸塞州有 36% 的置换湿地都不成功；因此，相对于逐个整治的方法来讲，流域更能确保把湿地恢复与其他流域管理活动结合起来。这就要做出一个科学的框架来确定潜在的湿地恢复场地，并评估它们对水域改善方面的能力，这包括水质、洪水容量，以及鱼和野生生物的栖息地。这个框架可以确定把独立的湿地恢复场地作为补偿性减补湿地，包括筑堤和前摄恢复，直至做出一个综合性的流域湿地恢复规划。

场地的确定与测评可以总结如下：

- 确定流域中的已退化的湿和原有湿地。
- 通过确定功能缺陷和机遇来制定流域的目标。
- 分析退化的湿地场地来评估它们在实现流域目标上的能力。
- 运用生态、物流，以及其他限制因素来筛选场地。
- 用图表的方式表达成果。

步骤 1：确定流域中的已退化湿地和原有湿地

收集背景信息，绘出流域边界，审视影响模式的信息，确定潜在的湿地恢复场所，对湿地进行分类，确定应优先考虑恢复的湿地场所。

步骤 2：确定流域的功能缺陷

确定野生生物栖息地目标、雨洪存量的不足和水质问题；设定恢复的战略目标和战术目标。

步骤 3：判断流域功能改善的筛选问题

洪水容量的潜力

- 该场地是否位于洪泛区上游？

- 该场地位于一百年形成的冲积平原上吗？
- 该场地已经或者可以很容易地改造成人工湿地吗？
- 该场地缺少运河吗？如果有运河的话，能够改造吗？
- 该场地是否有缓坡可以形成薄层水流？
- 该场地修复后是否有助于或者以后有助于密集林木的生长？

水质提升的潜力

- 该场地是否位于流域内可以促进水质提升的地方（例如，位于已知水质差的区域内或者下游）？
- 地表水是否为该场地的主要水源？
- 该场地的土壤是否有益于营养物质的运输？
- 该场地是否为永久透水地，还是受瞬时洪水的侵扰？
- 该场地是否有缓坡可以形成薄层水流？
- 该场地是否在湿地储蓄并处理遭受污染的地表水时受到局限？
- 该场地是否或者能否有助于密集的挺水植物或丛林生长？

野生动植物栖息地的提升潜力

- 该场地以后是否会提升此流域中的野生动植物栖息地的整体质量？
- 该场地恢复后是否会增加野生动植物在此流域的多样性？
- 该场地恢复后是否会促进此流域中野生动植物的整体连通性？

步骤四：其他有关场地的筛查问题

- 该场地是何种所有制？
- 预计恢复的成本是多少？
- 启动恢复需要何种操作手段？
- 在修复特定类型的湿地中会面临何种程度的困难？
- 周围景观有多大的干扰程度？
- 在该场地内或者周围是否存在外来的或是不希望出现的入侵植物？
- 在恢复过程中需要恢复那些功能的难度有多大？
- 是否有敏感濒危物种资源区临近恢复场地？
- 这些场地是否很接近垃圾填埋场？
- 在此流域中的每个社区面临多大的开发压力？

参考资料

Foote-Smith, C. "Criteria and Procedures for Regional (Watershed) Identification of Wetlands Restoration Sites." *In Wetlands and Watershed Management: Science Applications and Public Policy*, edited by J. A. Kusler., D. E. Willard and H. C. Hull. Berne, NY: Associate State Wetland Managers, 1997: 246–250.

Massachusetts Restoration and Banking Program. *Watershed Wetlands Restoration Planning Guidance*. Boston, MA: Massachusetts Executive Office of Environmental Affairs, 1996.

Massachusetts Restoration and Banking Program. *Site Identification and Evaluation Procedures*. Boston, MA: Massachusetts Executive Office of Environmental Affairs, 1996.

New England U.S. Army Corps of Engineers. *Neponset River Watershed Restoration Analysis: Section 22 Planning Assistance to States Program.* Boston, MA: Massachusetts Executive Office of Environmental Affairs, 1997.

快速评估湿地的功能

由于有效流域规划的主要目的之一是发现湿地资源的能力和局限性，也由于水文是决定湿地功能的决定因素，所以，建立一种水文地理分类（HGM）系统十分必要。有了这个系统，湿地接受和释放水进入景观的方式可以让我们洞察湿地是如何回应城市化对流域的影响的。

这个流行的 HGM 分类系统，注重水源和其脆弱性，主要有三种湿地类型。供给型湿地主要从降雨中吸收水，通过地面或者水渠传到下游；接收型湿地取水来自地下水在地表的排放；传输型湿地则通过地面或者水渠来运水。这三种湿地都已受到城市化带来的特定的威胁：供给型湿地经常是把水排干了，接收型湿地受到蓄水层补水的影响而流失水分，传输型湿地易受河流的取直或者缩小以及水承载力改变的影响而改变。

水文地理分类系统领域的评估是用来配合湿地的划界工作，其基础在于为每个调查区域的水文连接性做简单的定性评估：

- 归纳出 HGM 每级湿地的总体情况。
- 形成功能清单。
- 为 HGM 每级湿地做出功能特点图。
- 列出针对各项功能的相关的并且合适的参数。
- 描述各项参数。

- 以加权函数为基础起草模型发展原理。
- 制定清单表。
- 创造一套功能性指标。

每个 HGM 分级系统的模型产生的功能指标可以形成一个客观的评价手段，借此可以比较和评价湿地在水域背景下的作用。在考虑减补损失的情况下，这个过程有助于根据潜在的修复性或重要程度来对场地进行排序。

参考资料

Brinson, M. M. "Changes in the Functioning of Wetlands Along Environmental Gradients". *Wetlands* 13 (1993): 65–74.

Brinson, M. M. "Functional Classification of Wetlands to Facilitate Watershed Planning." In *Wetlands and Watershed Management*: 65–71.

Magee, D. W., and G. G. Hollands. *A Rapid Procedure for Assessing Wetland Functional Capacity Based on Hydrogeomorphic (HGM) Classification*. Berne, NY: Associate State Wetland Managers, 1998.

评估规划湿地

那些为了减补目的而建的、恢复的或者是优化的湿地，如果表现状况很糟糕，就必须更小心地评估湿地的生态功能。规划湿地评价（EPW）是一个评估已规划湿地在实现既定目标的设计上是否恰当的方法。这个过程是基于评价湿地的 6 个功能，这样设计师就更易于获得改善既成湿地规划所需的信息。湿地之间的差别是用“功能能力指标（FCI）”来表现的，这项指标是一个无量纲变量（基于一个结合了额定元素评分的简单评价模型），它描述的是一个独立的湿地在发挥特定功能时的相对能力。这些指标用来推算功能能力单位（FCU），这是用来比较不同大小湿地的功能差异的标准基础（例如，功能能力单位 FCU ＝面积 × 功能能力指标 FCI）。

这 6 个评估功能定义如下：

- 堤岸侵蚀控制：提供侵蚀控制和去除堤岸侵蚀力的能力。
- 沉淀物稳定：稳固和保持先前沉淀的沉积物的能力。

• 水质：保留和处理溶解的材料或特殊材料，以有利于下游地表水质量的能力。

• 野生生物：湿地影响野生生物栖息地复杂性的程度。

• 鱼类：湿地栖息地在何种程度上满足鱼类对食物、掩护、生殖和水质的要求。

• 独特性 / 遗产：使这块湿地成为独特、稀有和有价值的特点。

评估按以下步骤进行：

• 定义评估的范围：定义评估的目标；选择功能。

• 确定湿地评估区域的特点：确定项目的范围；划定评估的边界；准备好地图；完成总结的封面。

• 评估湿地的评估范围：完成湿地资料评分表；为每个评价功能计算功能能力指标；为每个评价功能计算功能能力单位。

• 设定目标：定义所规划湿地的目标；定义比较的类型（基线或者时间间隔）；决定目标功能能力单位；估计满足目标需要的最小范围。

• 选择规划中的湿地场所：确定和筛选有潜力的地点，选择与开发的限制因素有关的地点（基于需要的场所特点、规划机构、项目资金和建设）。

• 设计所规划的湿地，确定实现规划的湿地目标需要达到的条件（参考预先计算的目标功能能力指标和单位）；准备设计（概念设计，施工计划和说明书）。

• 评价所规划的湿地的设计：完成数据表格；按照之前的描述计算功能能力指标和单位；确定目标是否达到。

参考资料

Bartoldus, C. C., E.W. Garbisch, and M. L. Kraus. *Evaluation for Planned Wetlands (EPW): A Procedure for Assessing Wetland Functions and a Guide to Functional Design*. St. Michaels, MD: Enviormental Concern, Inc., 1994.

Bartoldus, C. C. "EPW: A Procedure for the Functional Assessment of Planned Wetlands." *Water Air Soil Pollution* 77 (1994): 533–541.

第 4 节　案例研究简述

下面选择 10 个案例来阐述在土地利用规划方面所采用的各种途径。每种途径都是针对不同问题和不同地点而提出的。其中 6 个案例已经用科技论文的形式公开发表在不同期刊上，选择它们是因为其内容易于被大众读者理解。而其余 4 个案例研究是最近在不同流域所作的湿地功能的流域评估，并采用了不同方法。

景观功能

蓄洪功能（美国明尼苏达州）

累积的影响包括了过去、现在和未来潜在压力的递增影响。在一个流域范围内的各个湿地所积聚的功能也许与很多单块独立湿地的附加功能有所不同。此外，某些功能对于局部地区可能至关重要，但放在下游环境中就不存在了。

这项研究使用了地理信息系统进行图片采集、多元回归的分析方法，以及区域水力平衡的方法，来评估围绕明尼苏达州的明尼阿波利斯—圣保罗地区 15 个流域的流量大小。并将流量与水中的化学物质相关联来检测水质。

研究中发现，在流域内的湿地和湖泊的蓄水能力的百分比含量与百年一遇洪水流量估计值之间为非线性关系。一旦水的储量小于全流域的 10%，如果水的储量进一步下降，估计的洪水流量将快速增大。而这又使有害化学物质在雨洪径流中转移，由此产生一系列严重后果。

参考资料

Johnston, C. A., N. E. Detenbeck, and G. J. Niemi. “The Cumulative Effect of Wetlands on Stream Water Quality and Quantity: A Landscape Approach.” *Biogeochemistry* 10 (1990): 105–141.

磷荷载的沉积和来源（美国佛蒙特州）

从景观视角来说，湿地个体并非是展现湿地功能的最佳手段。在水利连通方面，湿地在流域中的分布位置和湿地与其他地表水的潜在的化学组合可以更有效地履行湿地功能。

尚普兰湖地跨美国佛蒙特州、纽约州和加拿大的魁北克省，湖水已开始富营养化了，其原因在于湖区周边的森林开采和农业发展导致磷的流入。这项研究为景观—湖泊学分析，采用了地理信息系统绘制的地图，估算了磷承载，并收集了位于佛蒙特州境内湖边的 8 个小流域的多元（回归）统计数据，其目的是确定磷由河流进入尚普兰湖的动态。

尽管研究并未涉及整个湿地区域的回归模型，而只是研究了湖滨地区，研究人员大大提高了其预测磷的输出量的能力。在研究中发现 2.5 英亩（1 公顷）湖滨湿地中磷含量比同样面积的农业土地减少了 35 倍左右。这项研究表明，并不是流域内的所有湿地都具有同样的影响化学活动的功能。此外，湖滨地区的湿地因其与河流靠近所以至关重要；而位于较窄和低位河流（不是处于区域下游的较大和高位河流）的湿地对于水质改善也有很重要的作用。

参考资料

Weller, C. M., M. C. Watzin, and D. Wang. "Role of Wetlands in Reducing Phosphorus Loading to Surface Water in Eight Watersheds in the Lake Champlain Basin." *Environmental Management* 20 (1996): 731–739.

农村发展与生物多样性（加拿大安大略省）

道路建设和林地转换为农业用地给野生生物造成了严重威胁。现行的湿地政策着眼于湿地范围内或其近边的发展规定，并不能为生物多样性提供足够保护。

这项研究利用多元回归的分析方法，对 30 个安大略省东南流域中的 4 种生物类型（鸟类、哺乳动物、两栖爬行动物和水生植物）的丰富度和湿地面积、附近道路密度，以及森林面积之间的关系进行了阐述。

正如预期的那样，湿地面积和物种的丰富度之间有着密切的联系。另外，距湿地周围 1.2 英里（2 公里）内，除哺乳动物之外的所有类型的物种丰富度与道路铺设密度呈负相关的关系。距湿地 1.2 英里（2 公里）内的爬行类、两栖类和哺乳类动物与森林覆盖率呈强正相关的关系。最有趣的是，距湿地 0.6 英里（1 公里）范围内，每减少 20% 的森林覆盖率，或者每 2.5 英亩土地增加 3 英尺（每公顷 2 米）的铺装道路密度，对于湿地物种丰富性的影响等同于湿地自身面积减少 50% 造成的影响。因此，对于保护生物多样性来说，湿地周围的土地利用的实践和湿地实际面积大小同等重要。

参考资料

Findlay, C. S., and J. Houlahan. "Anthropogenic Correlates of Species Richness in Southeastern Ontario Wetlands." *Conservation Biology* 11 (1997): 1000–1009.

综合的空间调查

个性化和优先化（美国科罗拉多州）

在科罗拉多州的圣米格尔县，已经实施了一项预先识别程序，其目的是为湿地内和邻近地区的发展提供决策所需的信息。圣米格尔县有 126716 英亩土地，3% 为湿地，其中 1/4 为 2 至 3 种以上的综合湿地类型。这个程序共评价了 3 种影响：直接影响——湿地面积损失或功能损失；间接影响——湿地类型改变或水质改变，滨湖缓冲带消失，功能降低；或以上所有影响的累加。

为了评价湿地的功能，包括水文的、化学的、生物的和美学的信息都在内：数据包括地下水填充和排放、蓄洪、岸线加固、沉淀废物、长期及短期营养物质的积聚、下游鱼类及野生生物的食物链支持和栖息地，以及消极的与积极的影响。

食物链支持系统的等级分类取决于在湿地流域或下游动物栖息地水环境中直接或间接以任何形式对营养物质的利用。对下游地点来说，食物链指示物反映了出水口的状况，这其中包括：非酸性水、非沙质基层、短期洪水、高持续繁殖的多种植物、非停滞的或盐湖水、较快的冲刷速度，以及悬垂河岸的植被等。对于盆地内的情况，良好的食物链指示物为流动的水、高生产力的植被、水的良好融合、在夏天水位既不浅，水温也不过分热的区域。

野生生物栖息地功能的分级取决于对生物完整性非常重要的评价指标部分，例如结构多样性、开放水域、湿地大小与周围的水体结构、湖滨植物等。特别参数包括物理和化学指标，这些理化因素影响成鱼和幼鱼的生理周期和新陈代谢，对于野生物种来说它们像食物和皮毛一样重要。对于鱼类来说，这些因素表现在深层开阔水体、非酸性水、浑浊的或跳动的水、无障碍的流动、无氧滞留、无表层水波动变化、水体中营养物质的生产能力，以及由于岸边植物覆盖的冷水环境。对野生生物来说，这些因素表现为一个良好的边界比率、岛屿、高大植物的多样性、含碱量、大型不规则形状的盆地、柔和的坡度、无人为的水位波动、少量沼泽、一些开敞性水域、丰富的食物来源和人类影响的距离。

湿地被认为拥有最高且最全面的价值（不仅对于野生生物如此，对于其他功能也是如此），应优先对沿河流分布的湿地和在大型复合环境中的湿地进行保护。

参考资料

Cooper, D. J., and D. Gilbert. *An Ecological Characterization and Functional Evaluation of Wetlands in the Telluride Region of Colorado*. Boulder, CO: Environmental Protection Agency, 1990.

Science Applications International Corporation. *Ecological Characterization of Wetlands in Eastern San Miguel County, Colorado*. Contract No. C4-68-0072. Denver, CO: Environmental Protection Agency, 1998.

湿地管理中的多重目标（美国俄勒冈州）

在俄勒冈州尤金一个主要工业区对湿地的意外发现，促使人们对当地的资源评估和发展压力做了一份详尽的报告。特别是，人们对于湿地在拦洪蓄水、野生生物栖息地、雨水质量改进、游憩教育，以及科研方面的作用都做了调查。令人感到可怕的是零零星星的审批场地的使用对景观产生了累加性的、片段化的负面影响；因此，统筹的规划程序应运而生了。

尤金湿地的总体目标是为了教育大众在当地经济发展和生态保护之间找到一个平衡；照顾到当地社区的各种利益关系；从被视其为发展的“难题”，转变为把它当做有利的发展机遇。

为了建立一个能将湿地科学转化为公共决策的行政体制，当局颇费了一番努力。这项决策的目的是为了将原有的湿地分类（与生态功能特点挂钩），转变为以公众评审和参与为主体的湿地综合价值等级分类。

值得一提的是，这套计划体系起始于一个已经建立目标和远景的广泛综合框架。另外，随着功能数据的获得与评价，置换方案的内容将向公众说明，包括功能、价值和土地利用。最终的实施方案包括分区、审批、买地、减补融资及管理规范等（包括监测和财务）。

最终分类程序将划分出 4 种不同的湿地种类：应保护湿地；应恢复湿地；对发展不会引起严重后果的可损失湿地；用以保证湿地与滨岸联系性的应保护的高地。

参考资料

Gordon, S. C. "West Eugene Wetlands Program: A Case Study in Multiple Objective Water Resources Management Planning." In *Wetlands and Watershed Management*: 119–136.

前瞻性的恢复（美国马萨诸塞州）

由于位于马萨诸塞州的尼波塞特河流域占地 115 平方英里，落差将近 300 英尺，长 28 英里，湿地在其河流沿岸星罗棋布地分布。重大的损失已经归因于为了控制蚊子和农业用地而修建排水沟和堤坝，随后转移土壤、填湖造地、兴建楼宇、填平坑洼、播种深耕、治理河岸、建高尔夫球场、整地、修渠、砍伐森林、铁路筑堤，以及电线优先维护等工程。水量水质问题包括洪涝灾害、温度升高和重金属污染、含氧量减少、浑浊度增加、水质富营养化和细菌污染，以及入侵的植物。城市发展和栖息地零星化直接导致了鱼类品质下降和珍稀物种数量减少。

此项工程的目的是发展和实施一个水域恢复计划，其宗旨是通过重视一些消失的湿地以促进整个水域的健康改善。特别值得一提的是，湿地恢复计划的目标是改良水质、恢复盐沼、改善野生生物栖息地、提高蓄洪、解决有关入侵物种的问题、改善冷水鱼的栖息环境、改良地下水补充和河流基流。

这个项目用地理信息系统及水文土壤绘图评估了 171 个潜在的恢复地点，面积从 1 英亩（0.4 公顷）到 250 英亩（100 公顷），这些都基于以往解决湿地问题的经验。尤其是这些地点都事先经过一项旨在凸显每个湿地功能的评估程序。一旦确定成为恢复性湿地，当局将会通过提高蓄洪能力、改善水质、改善鱼类和野生动植物栖息地等手段来提升全部流域的功能。

经过筛选评估的65个恢复地点被确定为优先促进不同流域层次的恢复目标。值得指出的是，以上恢复地点对于改善位于下游的发展区域，或者沉积物、营养物质、重金属容易进入积累的农业用地内流域的水质有巨大潜力。此外，保护点的湿地对位于上游受洪水威胁的平原有强大的蓄洪能力。其中4个主要的湿地综合体已经初具规模，雪松沼泽湿地和河口湾岸湿地被认为是在增加野生生物多样性方面最具恢复潜力的地点。当然，这还要通过扩大湿地面积或加强与内陆湿地的联系来实现才行。

参考资料

Massachusetts Restoration and Banking Program. *Neponset River Watershed Restoration Plan: Preliminary Report.* Boston, MA: Massachusetts Executive Office of Environmental Affairs, 1997.

Massachusetts Restoration and Banking Program. *Neponset River Watershed Restoration Plan: Executive Summary.* Boston, MA: Massachusetts Executive Office of Environmental Affairs, 1998.

New England U.S. Army Corps of Engineers. *Neponset River Watershed Restoration Analysis.*

创造计划

农业径流处理（美国缅因州）

对于无法确定来源的水体污染问题是最为棘手也最难以控制的。有效管理诸如此类的流域问题必须结合科学调研、减补、建模等程序。

由于缅因州的长湖地区具有很大的休闲娱乐业的开发潜力，经历了大规模的湖滨开发。长湖地区周边都是集中连片的农业用地（种植土豆）。科学研究数据和建模结果表明，径流量来自马铃薯农场的径流，并成为该流域沉积物和磷元素的主要来源。

在这项研究中，营养物质或沉积物控制系统（沉积盆地、草地渗滤带、湿地、滞洪湖塘）都加以建立，以控制来自问题流域的径流。采取有效方式使磷的含量去除率达到75%决定了从这样一个处理系统扩大到景观水平，以模拟另外 19 个系统可能带来的影响。市政污水是流域的主要污染源。据估计，在与市政污水分流的管理计划的实施下，湖中磷含量将减少 10% ~33%。湿地—湖塘系统对于治理这种基于流域环境无污染源头的污染问题的确经济高效。

参考资料

Bouchard, R., M. Higgins, and C. Rock. "Using Constructed Wetland-pond Systems to Treat Agricultural Runoff: A Watershed Perspective." *Lake and Reservoir Management* 13 (1996): 29–36.

区域氮排放模式（瑞典）

由于大气储存和沿岸承载的氮元素含量增加，波罗的海的氮元素含量也已经大量增加。在减少多达 50% 陆生生物这个问题上，需要各方达成国际协议。其中一条途径即营造具有固氮能力的湿地。然而，以单个湿地为样本，研究得出的湿地滞留功效，并不能借以推断整个流域河口地区都会降低氮含量。

这项在瑞典南部的研究计划建立了一个与选定的代表性湿地的固氮详细措施相联系的精确区域模型。固氮程度是基于对被检测流域中的设想湿地建立和整理不同模型场景。

研究表明，每转化 1% 的流域为新湿地，将减少 10%~16% 的氮含量。为了达到降氮含量减半的目的，超过 5% 的流域将会被转化为湿地。另外，在湖泊下游区域中的主要河道营建湿地将比在其他地方建设湿地效果更加显著（花费更少）。

参考资料

Arheimer, B., and H. B. Wittgren. "Modeling the Effects of Wetlands on Regional Nitrogen Transport." *Ambio* 23 (1995): 125–129.

高速公路建设（美国宾夕法尼亚州）

尽管在工程的计划、设计、建设等阶段一开始就广泛征求了公众意见,关心照顾了各个利益群体的想法,可是争议还是不可避免。有时，湿地的置换类型会与建设减补工程的位置获得同样的关注。

在宾夕法尼亚中南部地区，119个小型地下水涵养型湿地（55%为森林覆盖，25%为矮树/灌木带，20%为在建湿地，1%为开放性水域），总计面积超过38英亩（15公顷）的湿地被高速公路建设工程所困扰。一个详细的评估过程包括地下水和水资源预测分析、土壤特性、土地可利用性、考古、野生动植物状况评价，以及挖掘成本，这些都是会被优先考虑的内容，以确定潜在的替代地点。5块总面积55英亩（22公顷）的湿地被挑选出来替代已经损失了的湿地的功能和价值，另外150英亩（60公顷）缓冲区被当局购买来为野生动植物提供备用栖息地。此外，还建设了50个栖息地强化设施，以吸引容纳更多的野生动植物。人们认为这项工程使相当多的野生动植物占据了湿地，这不能不说是一个成功，这些湿地已经成为学生们游学参观的天堂及观鸟团体的圣地。

然而，对于某些过度保护湿地的人来说，这种互利多赢式的湿地计划却显得不如人意。原因是这些新湿地不是由河流源头渗滤积累形成的，而是由地表水形成的，位于洪泛平原；从严格意义上说，它们并不能补偿消失的原始湿地的功能。此外，这些新湿地存储的水是四季不断的，并不像原始自然洪泛湿地那样有更替的荣枯水期。这些批评认为这些野生动植物，确实是很光鲜的，但不是自然洪泛湿地所特有的，原因是地下水渗滤而成的湿地具有不可复制性，像建设高速公路这样的工程影响必须竭力避免。另外，减补库的策略在选址方面可能不现实，因为天然湿地面积不大而且星罗棋布，绝不是集中在某些区域中的。

参考资料

Cole, C.A., R.P. Brooks, and D.H. Wardrop. "Building a Better Wetland: A Response to Linda Zug." *Wetland Journal* 10(2) (1998): 8–11.

Zug, L.S. "Habitat, Water Quality, and Wetland Preservation: U.S. Route 220 (I-99) Replacement Wetlands, Blair County, Pennsylvania." *Wetland Journal* 9(4) (1997): 3–7.

水质改善（中国西湖）

在13世纪马可·波罗游历中国的时候，位于上海附近的杭州很可能是当时世界上最大的城市。这个城市毗邻西湖，西湖因为它那令人惊叹的美丽和曾经作为中国首都的历史重要性成了中国最受欢迎的景点之一。尽管几个世纪以来的诗词见证了它景色的魅力，但如今的西湖正因为来自农业上的高养分输入和流域内不良的卫生状况而面临富营养化。

在杭州申请世界文化遗产项目的同时，土地利用调查引出了一系列规范未来发展的替代方案。由于监测显示，输入湖内的大部分养分物质已经分流到流动的多条溪流内，哈佛大学设计学院因此提出一项计划，将其中的一条溪流与湖岸花圃内现有的一个人工湿地连接起来（详见第 3 章的案例研究）。

位于花圃旁边的金沙河是一个重度污染的河道，它直接将未经处理的污染物排入西湖。哈佛大学设计学院的规划提出沿着这条河上游的滨水走廊设置一系列的功能性治理湿地，设置在高营养利用茶园或无污水处理设施的小镇的下游。河道的大部分水流在进入附近另一条溪流之前将改道，通过风景区内的花圃湿地进行净化。在两条溪流的交汇处，为废弃的养殖池塘，这里将会被改造成另一个湿地，在水排入西湖前做最后一次净化处理。

作为整个水域管理计划的一部分，景观湿地的强化将水治理和旅游场所相结合，实现了两个目标。那就是保持与当地对防止西湖进一步恶化的关注相一致，同时还促进了新的旅游目的地的发展，除了那 10 个游客量超载的、自古以来为诗词所赞誉的景点外。

参考资料

Steinitz, C., R. Peiser, and J. Xia. *Nature and Humanity in Harmony: Alternative Futures for the West Lake, Hangzhou, China.* Cambridge, MA: Harvard University Graduate School of Design, 2001.

第3章

场所特有的景观构建

在过去，大多数的湿地营建项目仅仅因某些功利性的目的而被推动，这就如同为解决工程问题而出现的创新手段那样。那些潜在的辅助性好处极少有迹可循。如今，湿地营建这一领域处在变革大潮的风口浪尖之上，而风景园林师则在其中扮演了领导者的角色。从生态和文化角度去认知并且将湿地的多重作用元素整合在一起，这对于风景园林师而言将是一种挑战，但也会因此收获很多。运用以下部分所罗列的原则，将会帮助我们实现这一目标。

第1节　设计导则

正如我们在前一章节中所看到的那样，营造的湿地是弹性系统，它可以有效地去除污染物并为人类和野生生物提供诸多好处。然而要真正做到有效，湿地必须经过精心设计、构建、监测和维护。这一节阐述了地表流动湿地的景观营造，而没有涉及地下潜流湿地。

营造

期待的去除效能

下面的总结是通过对建成湿地的化学浓度变化验证得来的，依据是226个输入—输出的差值（BOD即为生物需氧量）。

去除污染物的可变性

一般说来，四分之三的分析显示去除污染物的效能可以达到75%以上。然而，很大的可变性仍然存在于诸多的化学物质中，主要原因是通过湿地净化的效能是不同的（图3–1）。

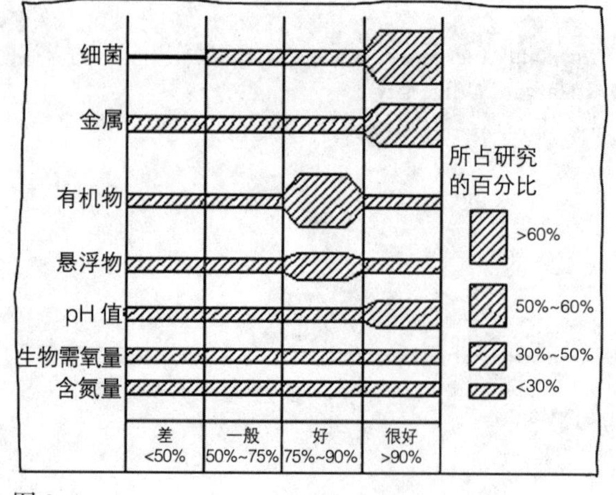

图3–1

输入的承载率影响去除的效能

湿地继续扮演高效化学分离角色的能力主要取决于化学物质的浓度和承载率（图 3-2）。

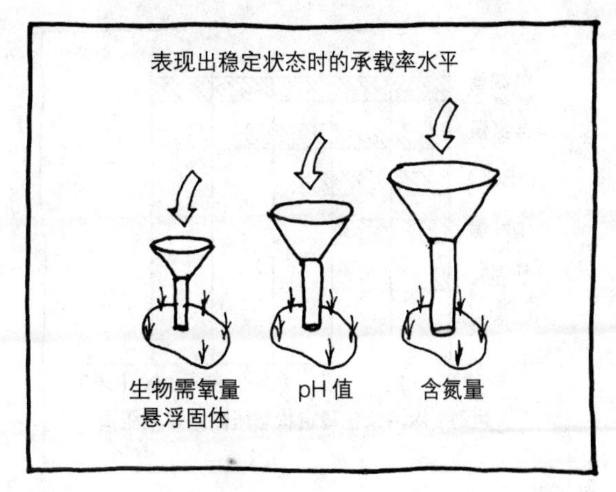

图 3-2

时间—距离模型

以下设计指导原则是从 52 项调查中得出，该调查显示了在流经处理湿地时，化学物质的浓度随时间和空间中所发生的变化。

运输时间的有效性

为了保证有效地去除大部分的污染物质，水必须在处理湿地中流动 10 到 15 天的时间（图 3-3）。

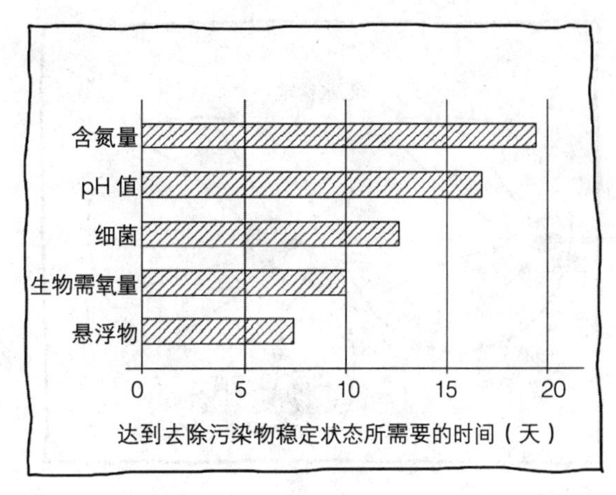

图 3-3

处理单元的数量

大部分的污染物质在经过人工湿地的前三个治理单元（有分隔间）后是能被有效去除的（图 3-4）。

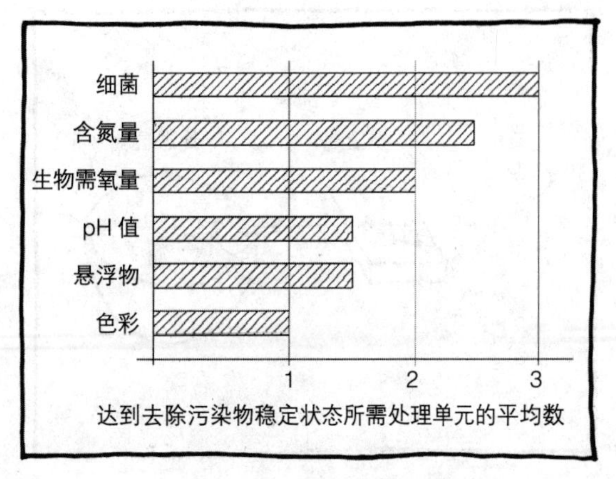

图 3-4

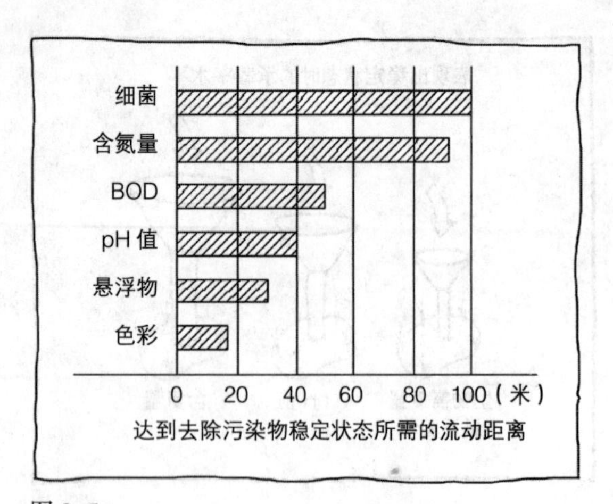

图 3–5

传输距离的有效性

通过湿地的过程中，处理距离在 60~120 英尺（20~40 米）时，对去除大多数的污染物是足够有效的。然而，对一些含水的化学物质和细菌的清除，处理距离需要延长至 300 英尺（100 米）（图 3–5）。

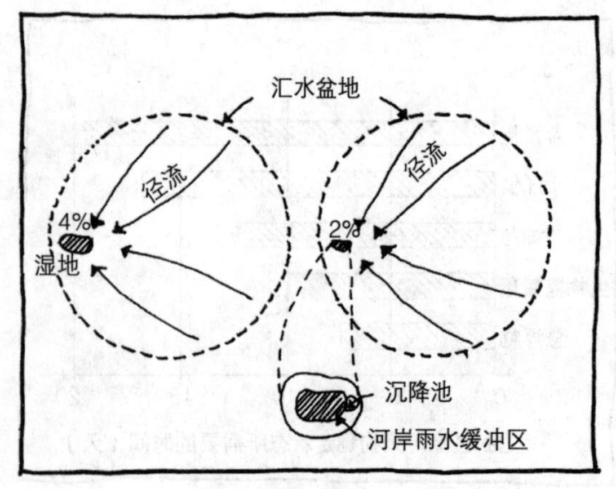

图 3–6

面积

营造湿地的效能大多数与其面积的大小有关。

雨水径流

湿地面积应当占 2%~4% 的流域面积。如果设计时在湿地前加上预处理沉降池，或在河岸缓冲区扩大拦截带的话，那么这个比例可以降至 1%~2%（图 3–6）。

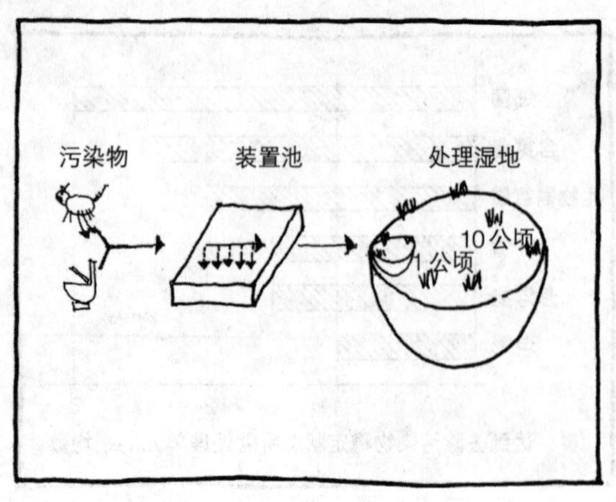

图 3–7

污染物的清除

为了预测所营建湿地的确切大小，需要采集全面的污染物信息。主要包括所产生的数量、预处理所去除数量，以及预计湿地承载率。大多数已建成的处理湿地一般为 2.5~25 英亩（1~10 公顷）（图 3–7）。

家庭废水

为了有效地处理厨房污水和厕所排泄物，三居室的房子大概需要 900 平方英尺（100 平方米）的处理湿地，面积大约为一个车库或者半个房子的大小。

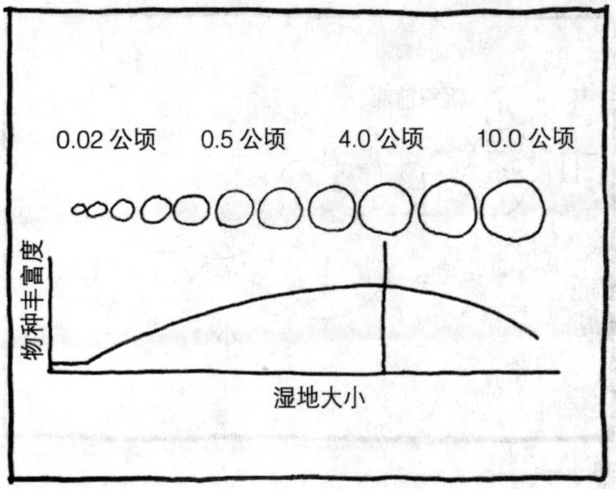

野生动植物的吸引

基于重新构建生物多样性这一中心，如果湿地大小在 1.3~10 英亩（0.5~4.0 公顷）但又不少于 0.05 英亩（0.02 公顷），修复工程将获得更大的收获（图 3–8）。

图 3–8

以少胜多

由于场所受空间的约束，通过设计复杂的内部微地形，湿地区域里水的体积将会随着水岸线的延长而增多（图 3–9）。

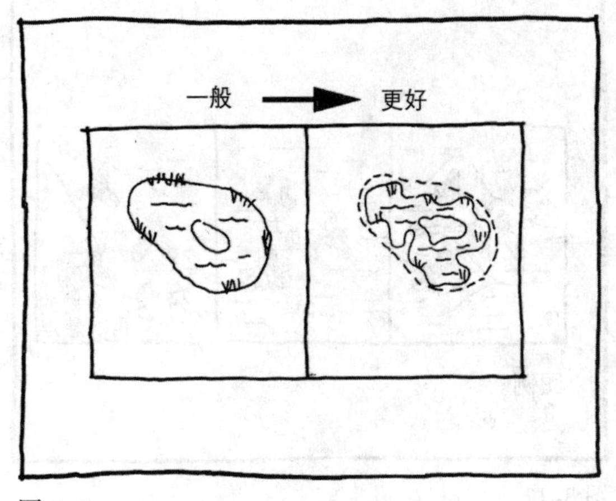

图 3–9

一大还是众小？

水的质量和数量功效是累加而成的，因此即使相当小的湿地也能给整个系统带来很多益处。较之一个较大的湿地（上图），一些小块湿地可以提供更多的机会去避开敏感区域。通常增加小块湿地的数量可为野生动植物提供更多的益处，这比扩大一个较大湿地的面积效果要更好，因为水陆界面的交互作用是很重要的（下图）（图 3–10）。

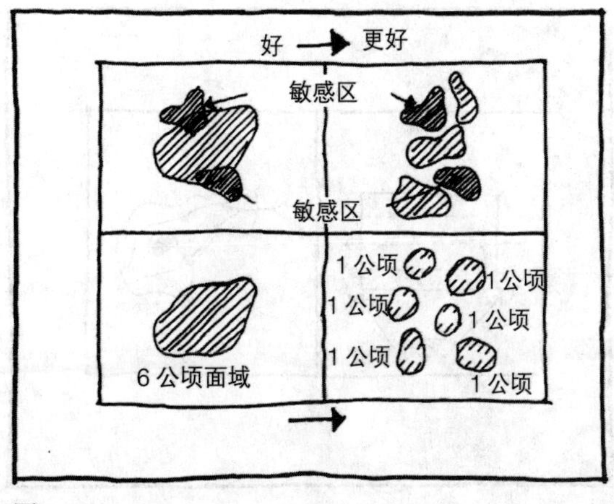

图 3–10

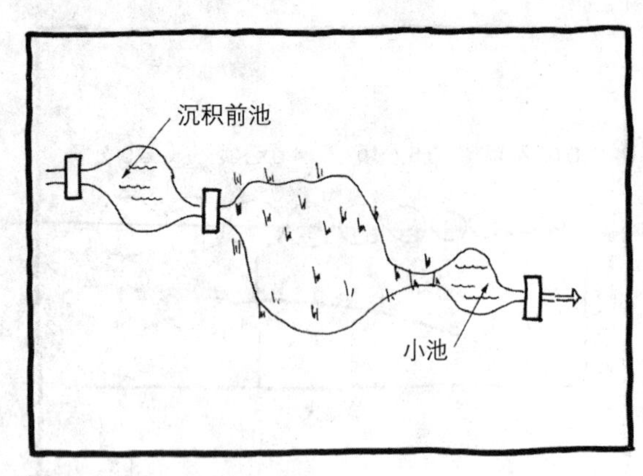

图 3–11

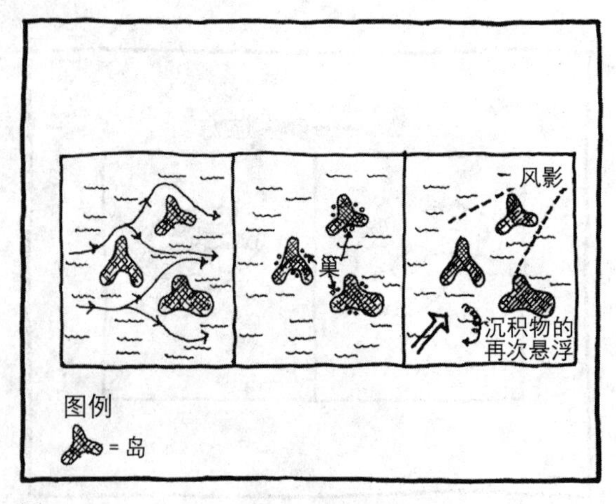

图 3–12

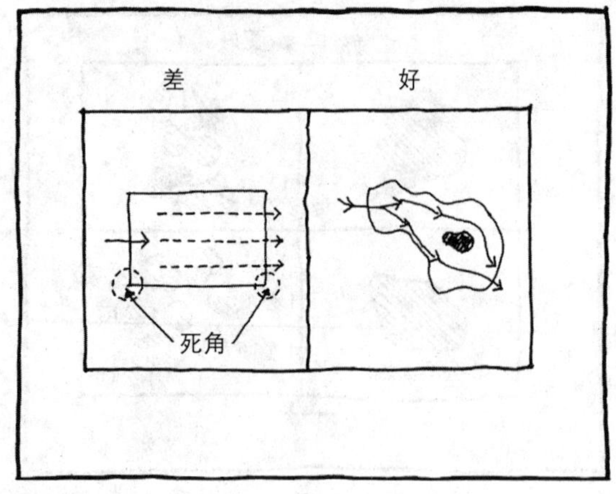

图 3–13

形态构成

尽管场所内的地形变化和水文将最终制约营造湿地的形状；但是在这些限制的范围内，存在无数的机会去创造令人激动和充满想象力的景观艺术，而这也将进一步增强湿地的功能。

特征

（a）元素　预处理的沉积前池可分散进来的雨水的动能，由此减少下游湿地的负荷。而位于排泄口前的小池，可以减少向下游排放沉积物和有机悬浮物（图 3–11）。

（b）微地形　通过增加水流动的时间，有效地降低洪峰并进一步提高水质（左图）；各种交织的水渠和岛屿有助于提升蓄水能力。岛屿［面积大于 0.05 英亩（0.02 公顷）］为食肉野生生物和人类提供了庇护所。较低的、不规则形的岛屿是水鸟的最佳栖息地，因其形状和相应增加的边缘使得领域更加清晰，由此加大了空间的利用率（中图）。岛屿也将减低风力，由此减少将污染沉积物再次悬浮起来并向下游运输的机会（右图）（图 3–12）。

几何

（a）边缘　要模仿自然系统，避免过于工程化的长方形水体，以及硬质的边缘、生硬的水渠和规则的形态。此外要考虑美学因素，用曲面来取代直角区域，因为这种地方就是污染物的死角，故曰“死水”（图 3–13）。

（b）宽度　研究表明湿地最宽的部分应在入口端，这有助于统一并均匀地分配水流。在这些湿地设计中，为了保留水分、沉积物或污染物，需要有渐缩的出口，其宽度小于所余湿地平均宽度的三分之一。与之相反，被设计成下游野生生物繁育地食物来源的湿地则需要有较宽的出口，以便提高水的流速（图 3–14）。

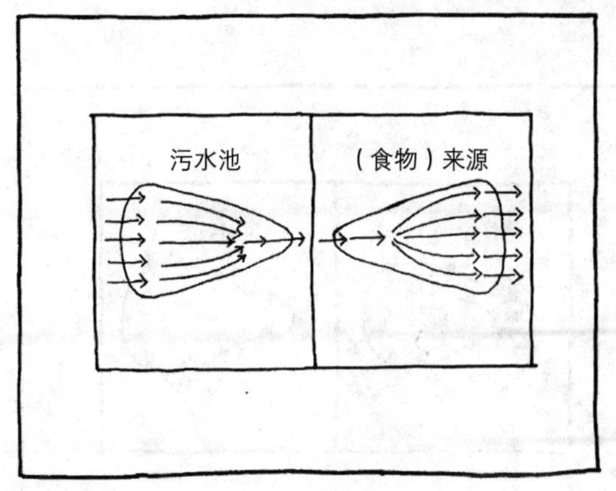

图 3–14

朝向

在寒冷的气候里，通过在水池东西向的加大来延长南面的水岸线，将有助于过冬的水鸟利用速生植物作为庇护所（图 3–15）。

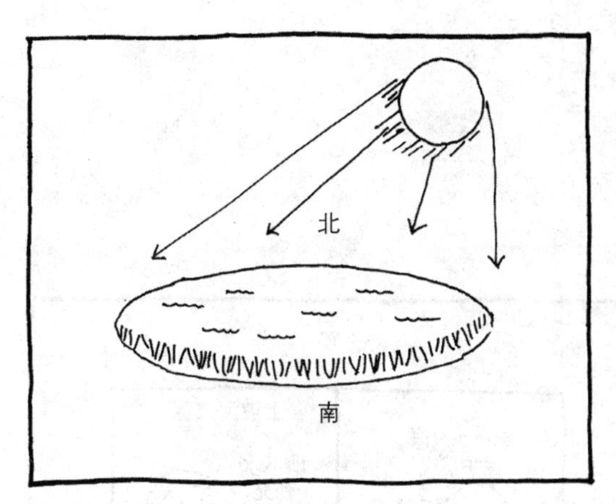

图 3–15

水岸线

创造不规则的水岸线能将每单位湿地面积的岸线长度提高 10%~20%。增加水岸线长度将为野生生物带来更多的益处，诸如增加筑巢和栖息的场所；以及增加接触面来去除污染物，从而提升水质（图 3–16）。

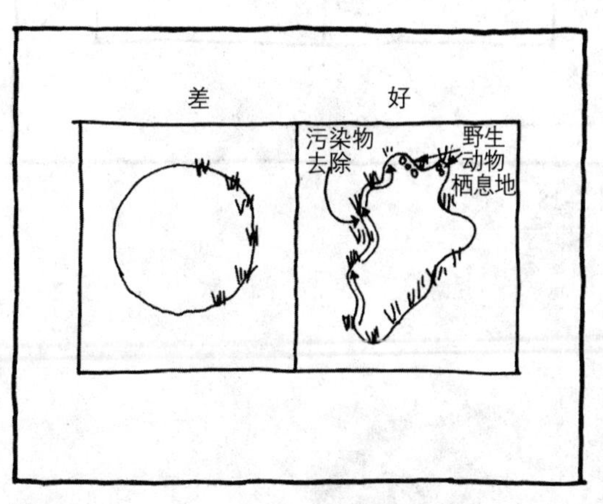

图 3–16

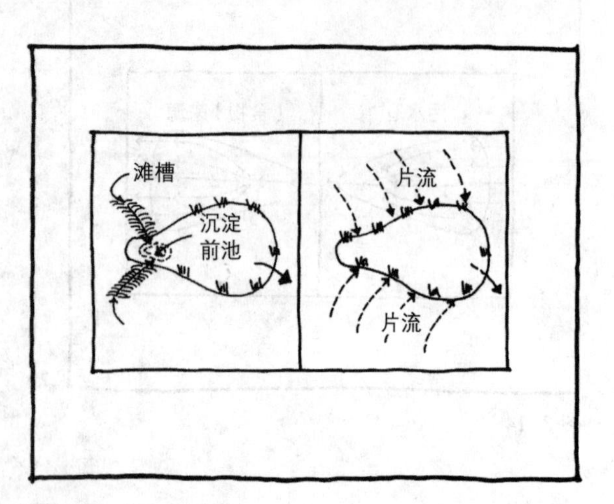

图 3–17

河滨区域

（a）近岸区　如果水岸线侵蚀的可能性存在，高地径流应该通过滩槽引入数量有限的排水点。而在其他情况下，雨洪应该以片流的方式沿草坪缓坡引入水池，这样就可以限制或避免使用沉淀前池。然而，这一策略必须同建立密集型灌木及植被岸线来排斥令人讨厌的水禽的策略相权衡。河滨植物对于提供荫凉和调节水温、将脆弱的野生生物湿地从非点源污染中解救出来，以及提供鸟类的栖息环境，也都是必要的（图 3–17）。

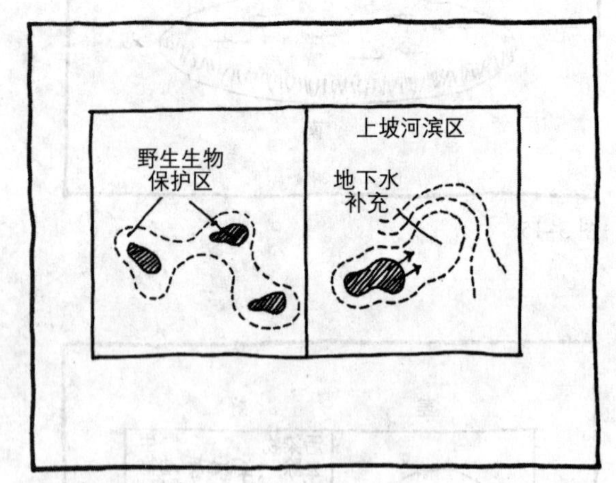

图 3–18

（b）上坡区　如果空间有限制，河滨种植区应该大约 300 英尺（100 米）宽以，保证足够的野生生物栖息环境以及保证动物能在湿地之间活动。安全缓冲区应该建有扩展的雨水滞留设施并保证能允许地下水补充，以防止雨势严重到淹没营建湿地的情况发生。这种暂时性的春泛平原通常会多产水生植物。如果可能，要保证湿地滨水林可以通过廊道的形式与更大的上坡森林相连接（图 3–18）。

深度

（a）比例　对于以滞留雨水为目的的湿地来说，其整个区域的有效配置应遵循以下原则：50%浅沼泽［0~1 英尺（0~0.3 米）］，30%深沼泽［1~3 英尺（0.3~1 米）］，20%深水区［3~6 英尺（1~2 米）］，包括沉淀前池、终端处理池和任何形式的开敞水池。对于去除污染物的治理湿地而言，则建议以极浅的深度［不到 6 英寸（15 厘米）］构成整个区域表面的 50%~70%，以保证均匀的片流。对于作为野生生物保护区的湿地，浅滩种植地和泥滩地［小于 0.5 英尺（0.2 米）］与更深的敞水区［1~3 英尺（0.3~1 米）］应具有近乎相等的比例。在寒冷气候带，湿地的深度都应增加，以保证冬季冰面下水体的流动（图 3–19）。

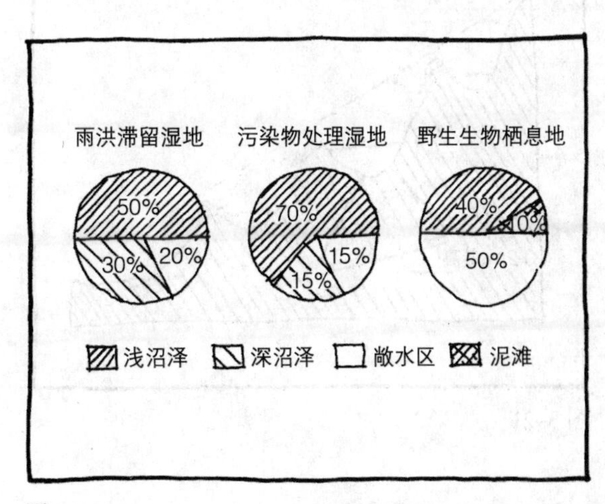

图 3–19

（b）布置　深水区的布置应该和水流方向垂直正交以限制水体抄近道绕过预想路径。因为洪泛机制的混合可以扩展湿地功能，浅水区和深水区的交混布置将增加污染物的去除效率以及对野生生物的吸引力。例如，以有机物形式为下游输出食物的湿地要求在第二年春潮到来之前，有些区域干透并迅速分解（图 3–20）。

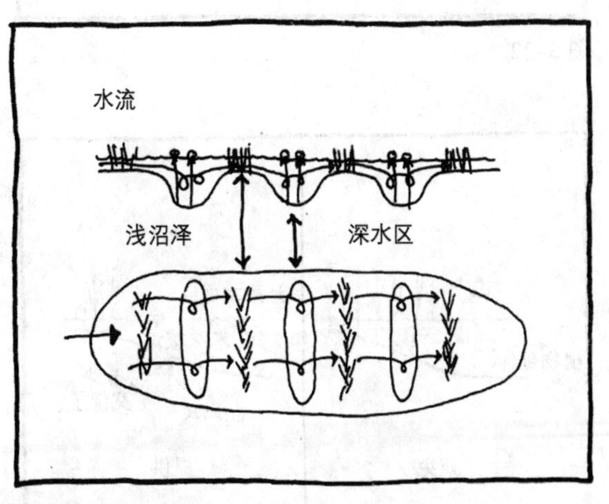

图 3–20

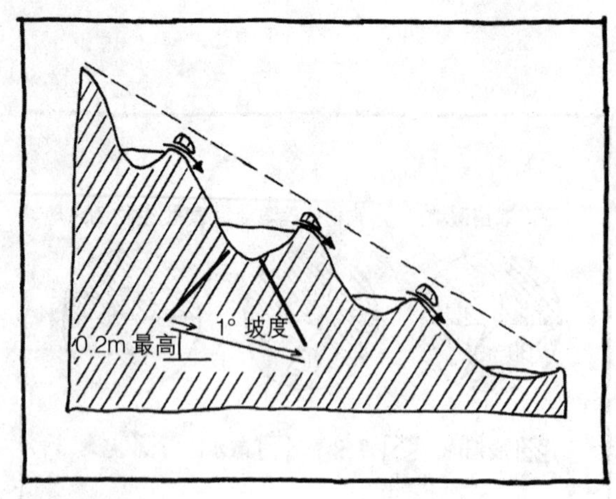

图 3-21

坡度

（a）纵向　斜坡坡度不应超过0.5%~1.0%，以保持从入水口到出水口不多于0.5英尺（0.2米）的深度差值。在平地，处理单元可以通过壕沟和滩肩来营造；在坡地，处理单元可做成台地状，从而与景观相结合；在陡地，湿地在纵向上要分为一系列治理单元，从而防止水在下游末端积累到植物生存所不适宜的深度（图 3–21）。

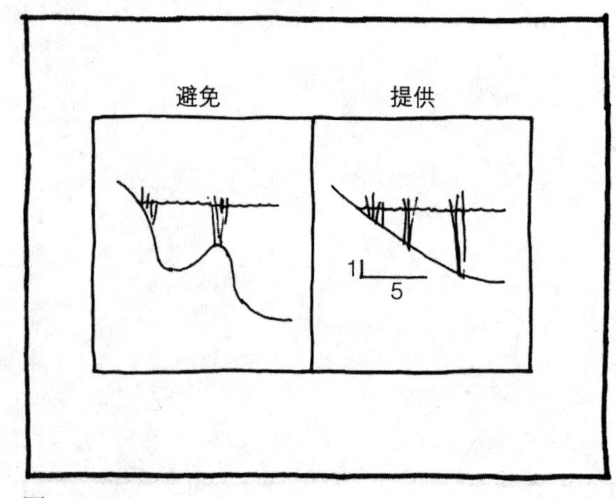

图 3–22

（b）垂直方向　为方便野生生物的进入，控制水体与岸角接触引起的侵蚀，以及为周期性的退潮水位下降提供机会，岸线浅坡坡比应该在 3 ：1 到 5 ：1 之间，这是因为几乎没有什么湿地植物需要持续不变的洪水（右图）；应避免深洞或陡坡，将对儿童的危险降到最低（左图）（图 3–22）。另外，边际壕沟可以保护开敞水区免遭水边植物的入侵（图 3–23）。

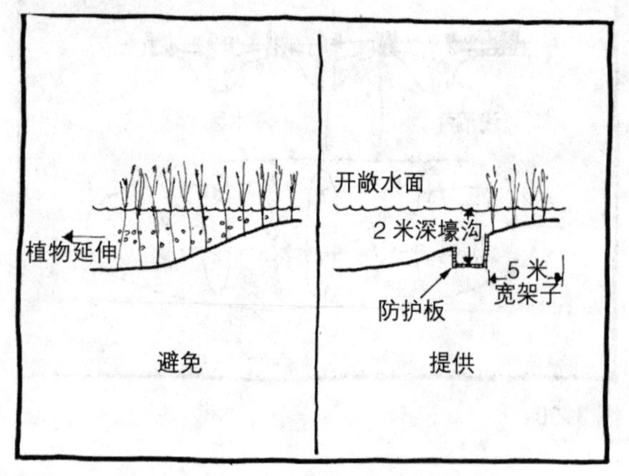

图 3–23

内部间隔

（a）效能　由于湿地内部复杂的边沿将增加整体种植表面，为使水体与植物接触最大化，应尽可能设置最长路径。对于中型湿地，中介路径分配器的使用将有助于重新建立通过密集种植床的分散流动形式。对于大型湿地，平行治理单元的使用会减少优选流径的发展几率，优选流径可能导致水流抄近路流动并减少污水与植物表面的接触机会（图3–24）。

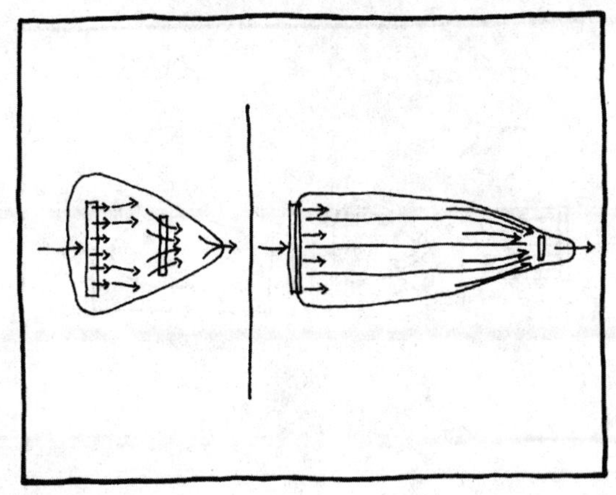

图3–24

（b）操作　多个处理单元的设置可方便操作和维护管理，因为在不干扰整个治理系统的前提下，如有必要，可以暂时关掉、清理、重植一些治理单元。另外的好处是隔离开的特别的处理单元可以控制诸如植物疾病传播或剧毒物质溢出之类的问题（图3–25）。

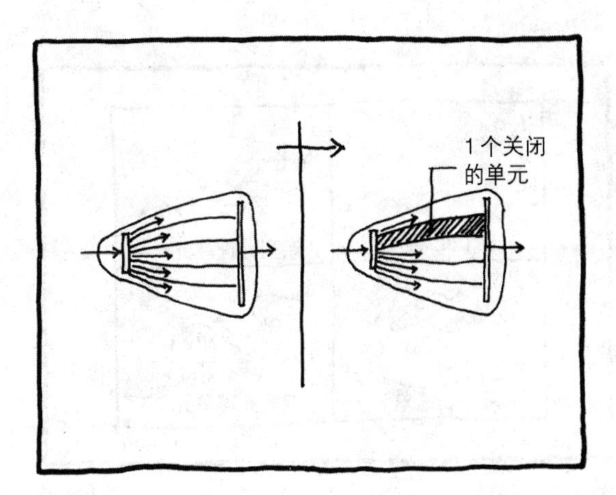

图3–25

长宽比例

理论上，大于2 ：1（优选比例为3 ：1~4 ：1）的长宽比例对污染物的去除最有效。而事实上，在平衡去污能力与增加滩肩成本之间，大约2.5 ：1这样的长宽比例是比较理想的（图3–26）。

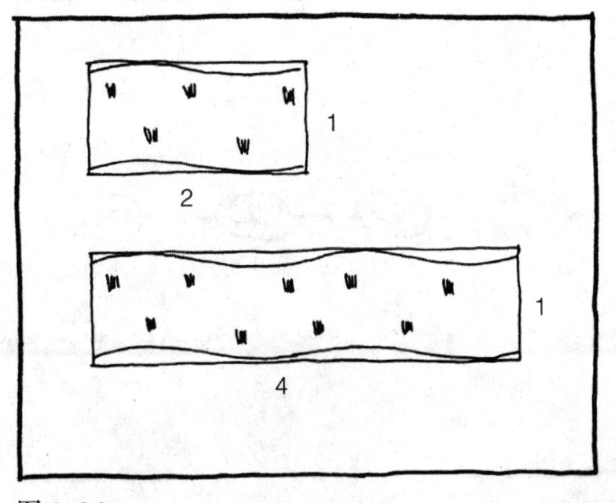

图3–26

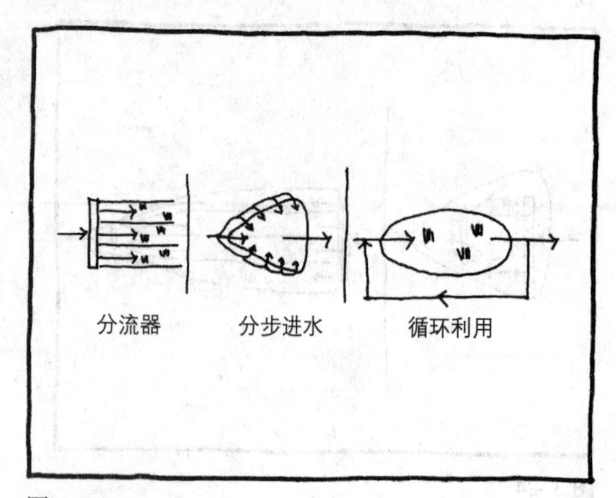

图 3–27

水的调节

当水流量从头到尾均匀地分配在治理单元里时，治理的效果是最佳的。一般而言，湿地的长宽比越小，入口流量的平均分布就变得越重要。分流器可以用在由平行治理单元组成的湿地里。沿着单元的边缘分布多重入口（也就是分步进水），是用来平均分配污染物沉积的方法，可以把毒物限制在上部。水的循环利用增加了滞留时间，因此污染物被去除了。但是在干旱期和为了抵消蒸发的损失时应保持充足的水流量（图 3–27）。

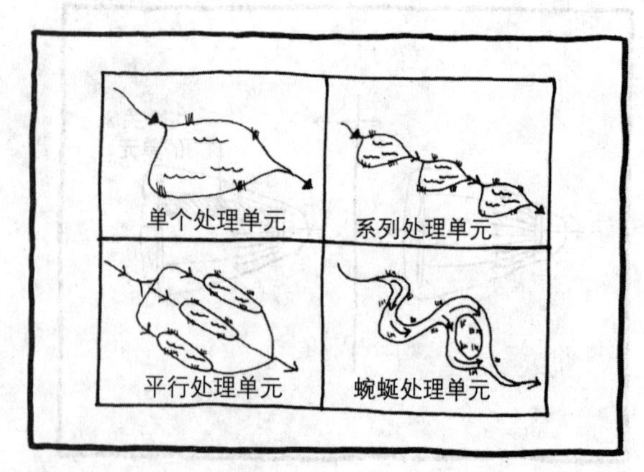

图 3–28

空间的布置

单个的湿地内处理单元的网状连接，或者具有一个巨大的水—湿地系统的湿地组间的特定联系将对处理结果产生巨大的影响。

交替的结构

通过增加湿地的复杂性来实现项目目标的过程中，当遇到空间的限制时，经常需要进行平衡（图 3–28）。

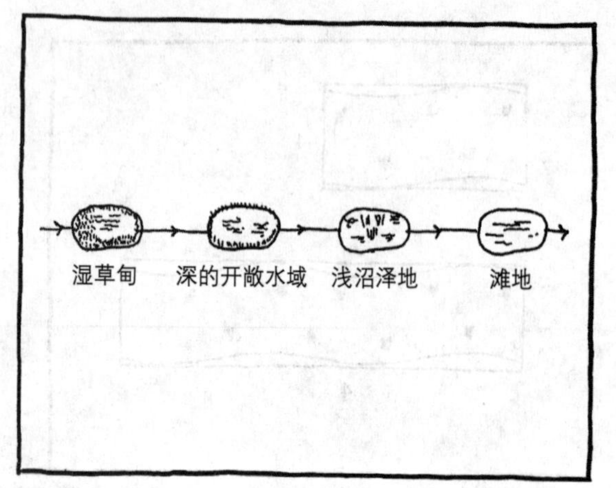

图 3–29

序列

沿着一系列建成湿地改变水的深度将会促进一个植物群落的生成，并以此提高野生生物栖息地的多样性和被移除的污染物的多样性（图 3–29）。

多级处理

（a）系列组合　创造综合的水—湿地处理系统，让湿地与水面开阔的池塘以及地下过滤器交替排列，这将增加项目成功的可能性。对地下水补给重要的地区，最后的湿地治理单元可以不加入组合，从而加强治理过的水的渗透性。在北部地区，一般认为在较低的温度下治理效果会降低，这就有必要把冬天的负载存储在浅水湖中，而在化冰季节将其排入湿地（图 3–30）。

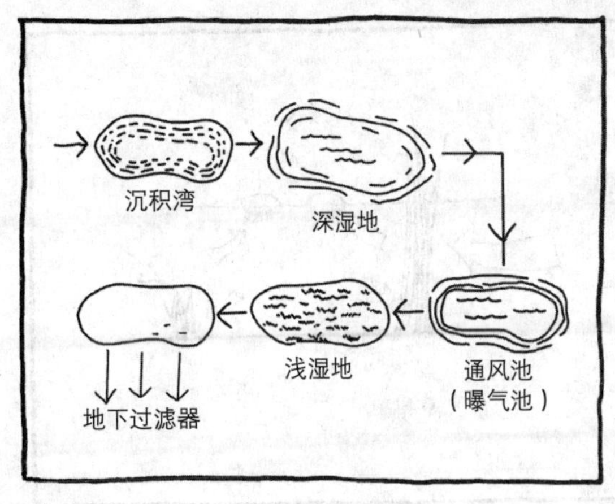

图 3–30

（b）周边景观的利用　将周边其他的自然特征整合为一体，比如上坡处的过滤滩槽或终端净化湿地，形成具有综合性功能的设计，这将带来更多的益处（图 3–31）。

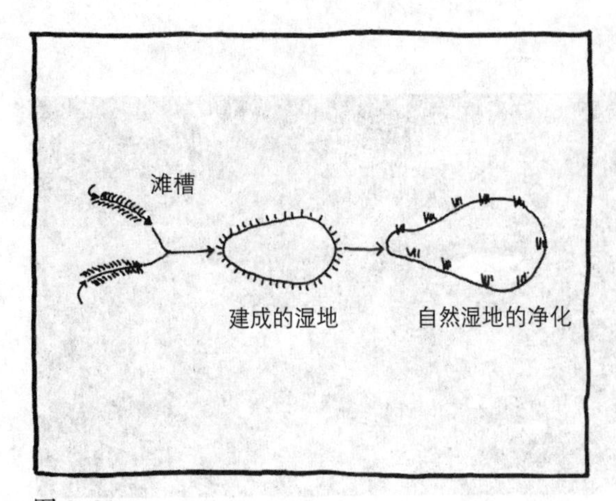

图 3–31

多目标

不要企图把所有湿地的用途放在一个无所不包的水—湿地系统。例如，为了控制污染物转移给野生生物，就要确保逐步增加连贯处理系统的表面积。这将吸引动物到更大的下游湿地，那里的水质会更好（图 3–32）。

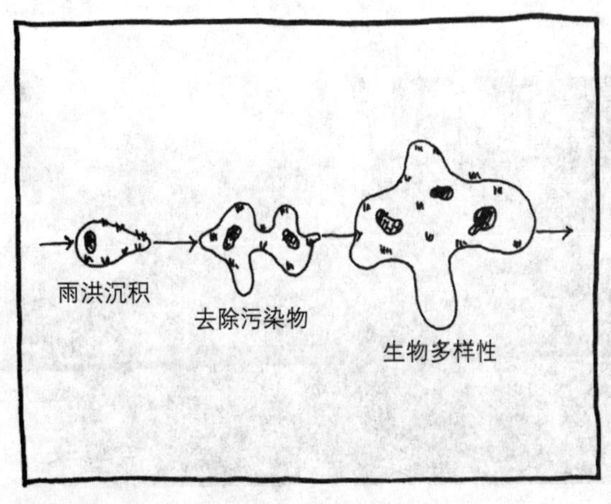

图 3–32

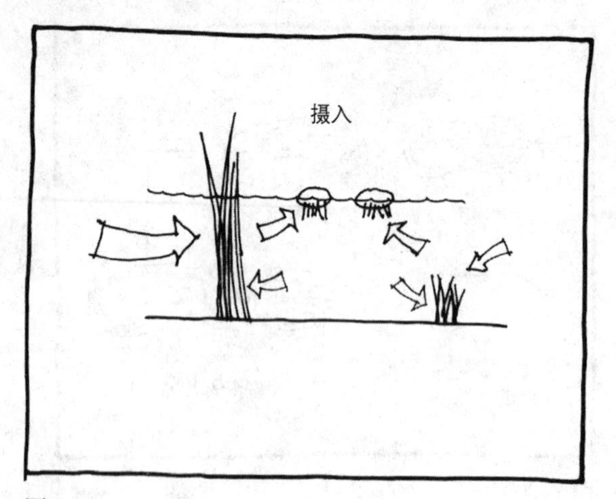

图 3–33

水生植物适宜性

预期的作用

湿地的营造是基于各种不同原因的，其不同的营造目的将影响适宜植物的选择和初始筛选。

（a）化学隔离　不同物种植物在固定不同污染物的有效性上有所不同。比如，化学物摄入量通常在诸如香蒲和灯芯草这些挺水植物物种中最高（图 3–33）。

图 3–34

（b）栖息地价值　对于鸟类、哺乳动物和其他水生生物来说，作为食物和遮蔽物的植物会因动物种类的不同而不同（图 3–34）。

图 3–35

（c）吸引力　人造湿地的美学质量取决于精心的植物选择（图 3–35）。

（d）水流减弱　不同植物种类的直立情况将不同程度地限制水的运动和风变量。这对雨水的滞留和污染沉积物的再次悬浮的考虑显得尤为重要（图 3–36）。

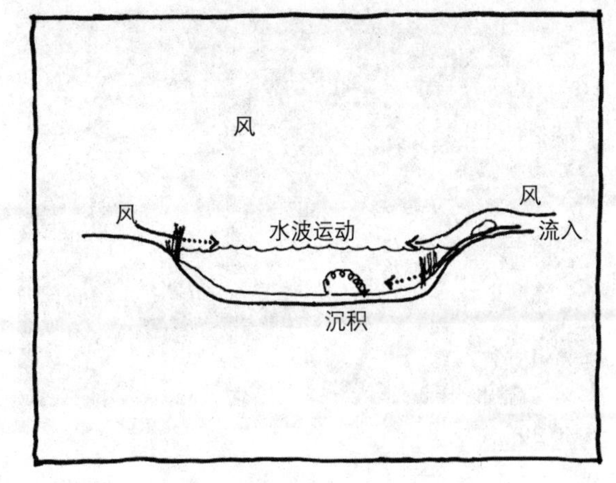

图 3–36

植物选择

确定了营造湿地所需达到的目标，接下来将考虑选择何种宽度类型的植物。

（a）种植区　6 个主要的种植区存在于与常水位相关的湿地栖息地中（图 3–37）。

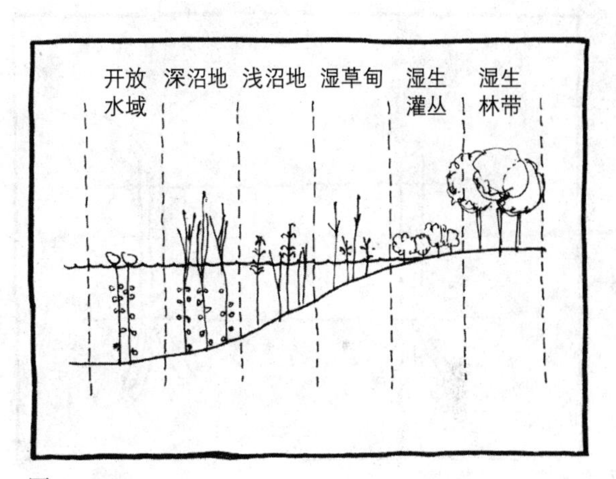

图 3–37

（b）生长形式　根据在特殊种植区的适生性，有 5 种主要生长类型的植物可以在营造的湿地中加以利用（图 3–38）。

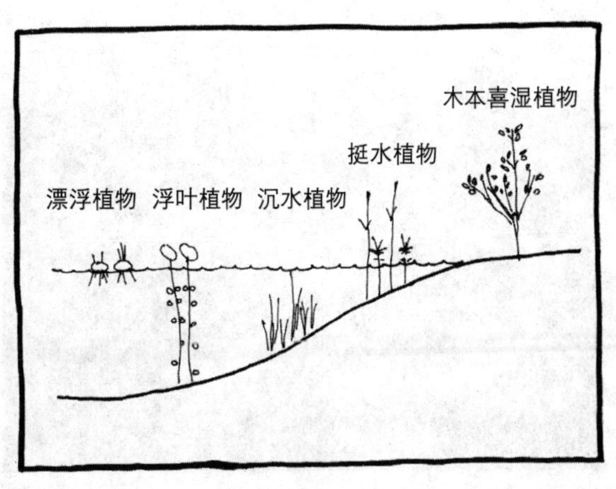

图 3–38

图 3-39

（c）生长效率　观察不同类型植物的计划生长效率是非常重要的。物种间的相互竞争、入侵、生产和生物量积累都会影响营造湿地最后的功能和外观（图 3-39）。

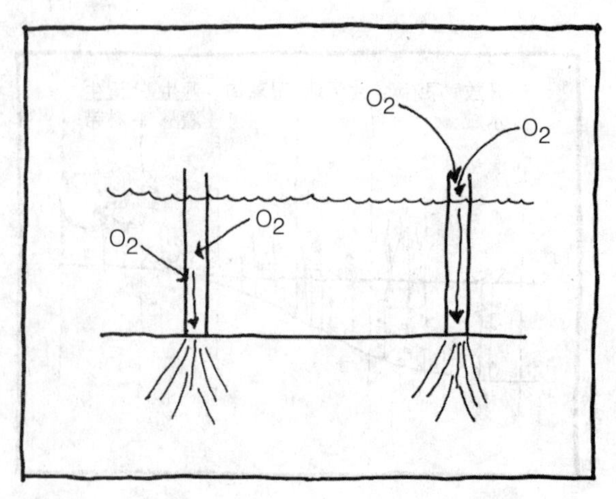

图 3-40

环境决定因素

单一物种选择必须与营造湿地的预期环境条件相结合。如此精准的信息要依靠有经验的湿地园艺家的参与。

（a）沉积物　在含水量饱和的土壤中，根系呼吸的需氧量必须从挺水植物在空气中的部分获得；要么通过被动扩散，要么通过对流。增加底层沉积物的有机物含量有助于固定污染物（图 3-40）。

图 3-41

（b）耐水性　挺水草本植物和木本植物对水淹环境有不同程度的忍耐力（图 3-41）。

（c）季节性　不同植物物种其生长和休眠的温度周期和光周期有显著的不同。北美大部分地区，生长季可能只占一年中的 6~9 个月；因此，湿地的效能会随季节变换有很大不同。

（d）寿命　植物生存的时间同湿地中生成营养和污染物有关的水化学过程相关。盐作为化冰剂被广泛使用，因此雨水型湿地中耐盐性植物的选择尤为重要。

（e）土壤特性　种植成功与否依赖于土壤类型和土壤化合物。

（f）抗性　植物抗性——发芽和繁殖的难易度——将最终影响湿地植物的组成。抗病性将通过不同的种植搭配选择达到最大化（图 3–42）。

图 3–42

（g）水文学　对整个营造的湿地的水波能量和计划流动速率以及水循环形式的了解，将影响何种植物能茁壮生长，何种植物不能生长（图 3–43）。

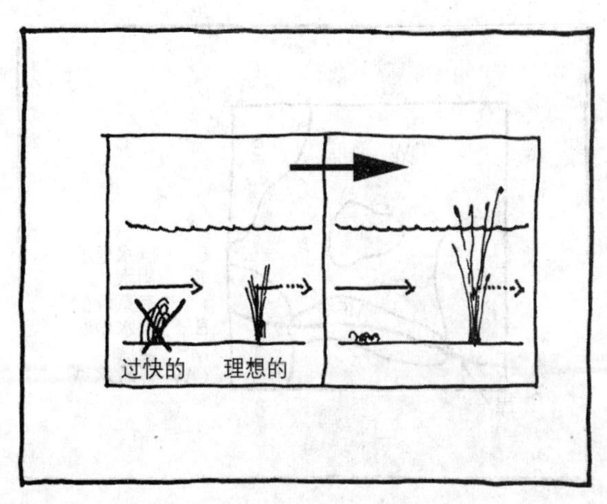

图 3–43

设计策略

种植植物的空间布置在营造湿地的功效和美学质量上起到关键性作用。

（a）空间　种植成功有赖于满足特殊植物种类所需的空间间隔。

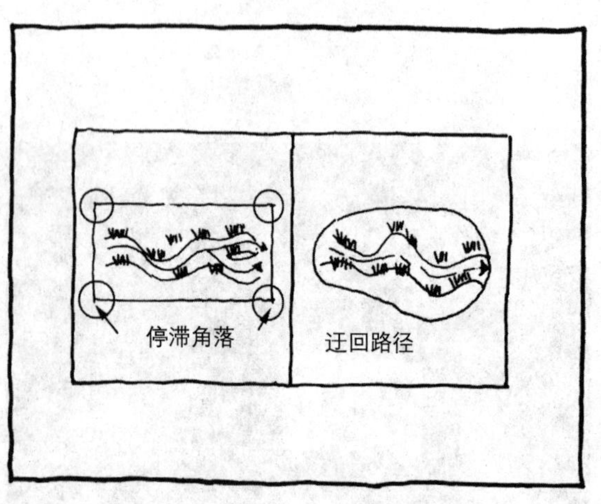

图 3–44

（b）水的路径　对于原本就打算作为化学沉降池的湿地，种植配置将影响水的路径并因此而决定植物固定污染物的几率大小。应时刻避免盲角和死水区域，在干燥天气可以用高的沼生植物使水流改向（图 3–44）。

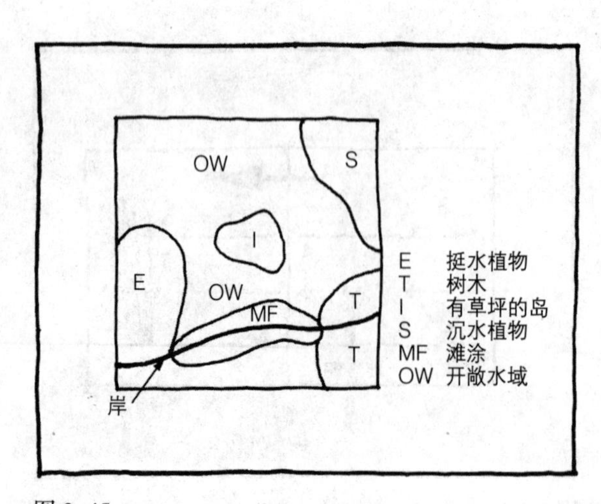

图 3–45

（c）栖息地　对于主要作为野生生物供养中心的湿地来讲，理想的植物配置应使栖息环境尽可能最大化（垂直方向以及水平方向）。这可以通过不同植物划分整个湿地的内部和外部空间，以及建立具有高度复杂结构的本土场所特有的中心来共同完成。在许多情况下，在开敞水域池塘、河道和滩涂点缀挺水植物斑块比营造几个大型栖息地中心更能将栖息环境的多样性最大化。种植床至少应有 1 英尺（0.3 米）高和几码宽，这对于提供春季筑巢的覆盖物很重要（图 3–45）。

（d）美观 作为视觉空间被设计的湿地，它的色彩、花期、平衡和不同植物的空间布局都是需要被考虑的重要属性，因为这会影响到湿地经过几年自然演替之后的样子。成功的水花园设计都在确立植物与水体关系时运用了艺术想象力（图 3–46）。

图 3–46

一个理想的植物？

一张小的种植列表有时可能会有帮助，上面的植物都是按照以下优秀特性选择的：野生生物价值、吸收污染物的能力、耐水湿、生长迅速、护岸能力。应避免种植侵略性的植物和那些会被水鸟优先选为饲料的植物。

项目开发

规划

必须仔细注意以下规划准则的框架，来确保湿地建设提案能得到官方批准并且达到预期的成功。

选址

在初选可能的建设基址时需要考虑的问题包括：与受污染的水源邻近的基址条件和海拔，之前的环境干扰；现有水体与人类居住地的距离；洪泛平原的位置和地下水的深度；出口的数量和位置；促进沉积物和污染物沉淀的低海拔梯度；土地使用方式；进入的容易程度；现有的受到威胁和濒危的物种和历史性场所；利用对现有景观特征的感知能力以限制土方移动；下垫层基质的性质；小气候变化，比如预计的日照和风向。

确定有利条件和需求

对于选定的基址来说，在项目伊始就应该对以下内容有所了解，比如可利用土地的数量和类型，土壤和水源，设备器材，财力支持，专门技术的范围等，这是非常重要的。例如，就水文方面来说，一些基本问题要调查清楚，比如水的供应是全年性的还是季节性的，是泵抽水还是需要管道输水，取水的过程涉及哪些法律上的规定。

提出项目目标

可建设的湿地的类型尤其受到基址的供水和地形的强烈影响。例如，山地、斜坡和低地所包含的问题有：供水、潜在的侵蚀、干旱敏感度、地下水的渗透性和污染度、野生生物的栖息地，以及与其他湿地的连通性。

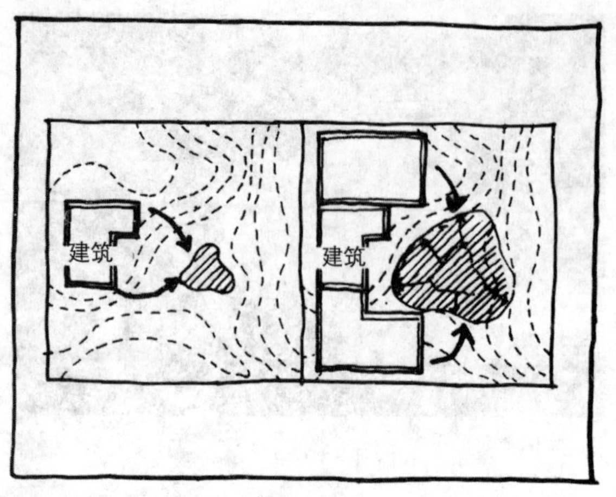

图 3–47

场地清单和规划构想

场地地图上的细节应包含以下信息：地形地貌的详细信息、地下水位的深度、土壤类型、现有植被类型，这为我们的分析提供了一个根据，在此基础上可以叠加一系列可供选择的设计方案。如果场地空间富裕，在需要时，规划就应该为湿地未来扩张的可能性留出余地。例如，流域的增加和随之而增加的雨洪径流。制定一个详尽的场地地形规划是很有必要的（图 3–47）。

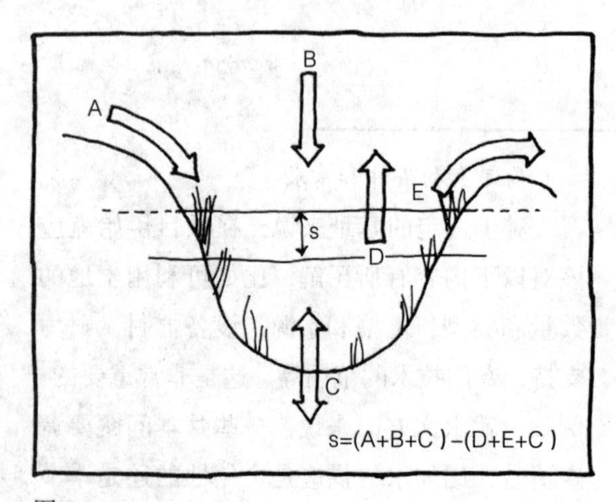

图 3–48

水文考虑

（a）水平衡模型　水的计算应考虑净储存容量，即用总的地表进水量（包括受污染的进水）、降雨量、地表水的交换，减去流出量和蒸发量的损失。据此，在需要的时候可以对水的预算进行控制。例如，以下方法可以增加水的储存容量：改变流出量的比率，加深池塘深度，以及通过河边树荫、风障和改变植物等方法减少蒸发量等（图 3–48）。

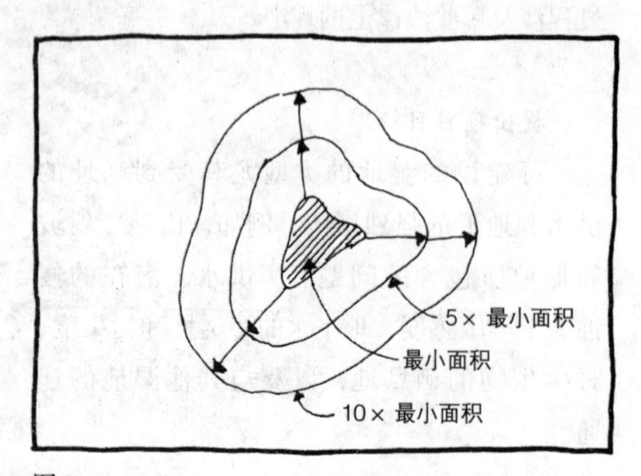

图 3–49

（b）快速估计　最终的目的是除了要确定所需的结构性的出口装置，还要计算出所需的最小水量水平。当用详细的预算模型不可预测时，湿地的大小要能容纳维持植物生长所需的最小水量的 5~10 倍。一旦湿地可以被操控，湿地内多余的水可通过控制的出口排除（图 3–49）。

环境清理

社会问题通常比技术问题和科学问题更难处理。应该尽快启动湿地建设项目，通过合理的审批程序。这个过程是费时费力的，有时还很令人沮丧。

湿地设计

一旦确定规划湿地的水面标高后，设计就开始了。设计应该尽可能与景观同步，而不是施加于景观之上。与周围景观有关的设计特征应该包含在整体设计中，比如扩展的雨水滞留区域或者控制侵蚀和引导地表径流的沼泽支流网络。湿地应该设计成只需最少的维护，要简单而不要依赖复杂的技术系统。从一开始就要决定好湿地最后的面貌是要达到怎样的自然或人工（非工程的）效果（图 3–50）。

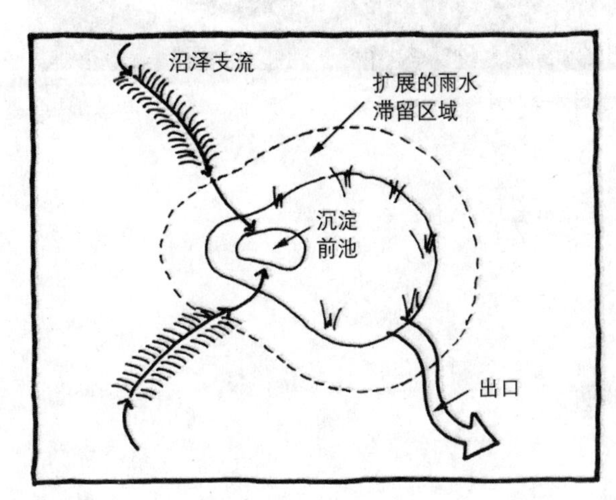

图 3–50

堤坝系统的设计

考虑到设计水深，堤坝系统的设计应该超出水面 3~6 英尺（1~2 米），以防止水浪作用和极端的暴雨事件（图 3–51）。

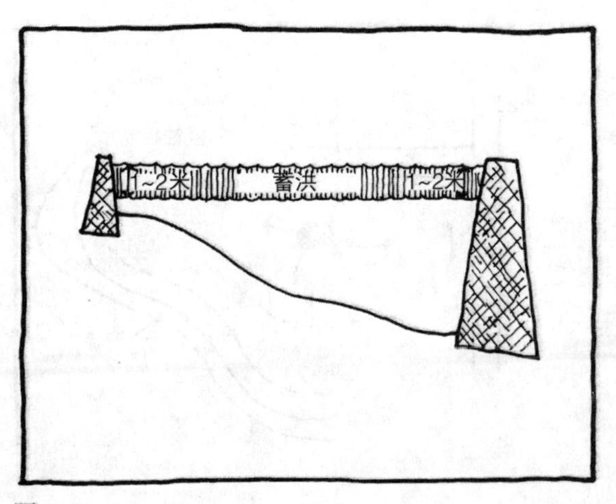

图 3–51

图 3-52

选择水控装置

对于一个湿地的应有功能来说，调节水位的出口装置是基本的，并且需要仔细关注伴随而来的支持安全选项。出口应该简单，易于调整，在需要时能足够灵活的改变（图 3-52）。

财务管理

要准备详细的财务预算，考虑到所有的细节，包括调查清单、设计方案、材料和人力、模型制造、监控和管理、法律费用，以及能覆盖所有不可预见的开支的现金缓冲措施。

时间安排

需要清晰地列出从开始调查到竣工后的管理的所有阶段的清单，分期安排工作。

场地准备和建设

本建设时序的说明适用于所有规模的设计项目。

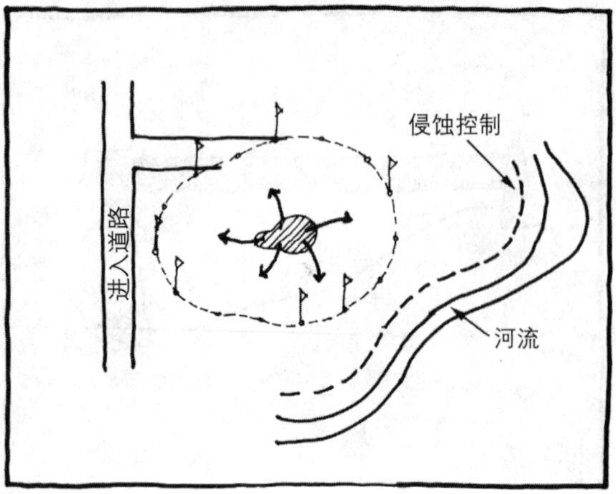

标记、进入和开挖

在建设过程中，场地的画线与可通达性和侵蚀控制措施相关，需要仔细地调查。开挖应当从中心向场地边缘进行，以便为岸线以及河滨景观工程节省土方。水岸应该用具有渗透性的材料加固。在各种情况下，要采用对环境敏感的建设措施，包括水的临时改道。有些场地，在建设过程中需要暂时把水排掉（图 3-53）。

图 3-53

岛屿

岛屿面积应该至少 144 平方英尺（4 平方米），不同岛屿相互之间间隔 45 英尺（15 米）远，离岸线至少 45 英尺（15 米），远离永久性的洪水（图 3–54）。

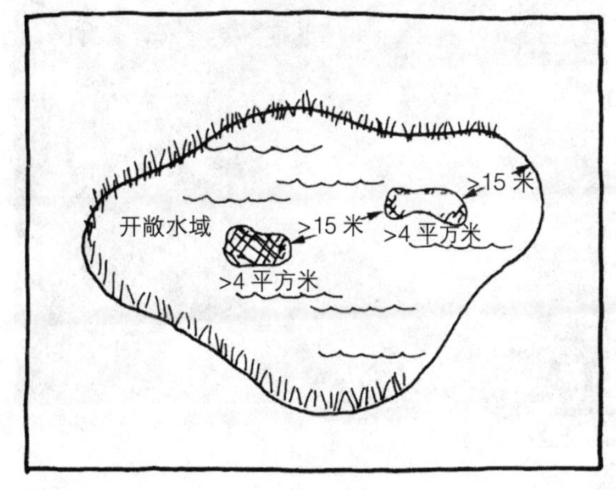

图 3–54

堤、护坡道和水文控制

为了保证长期的稳定性，侧壁的坡度不应大于 2 : 1（水平与垂直的比例）；要用乱石堆或者防止侵蚀的控制性的织物；有足够的出水高度来防止偶发的洪水冲击和开敞水域的波浪；有防渗环；有入口和出口的调节装置；还要有可以应对紧急状况的溢洪道和岩石飞溅区域来消解水流（图 3–55）。

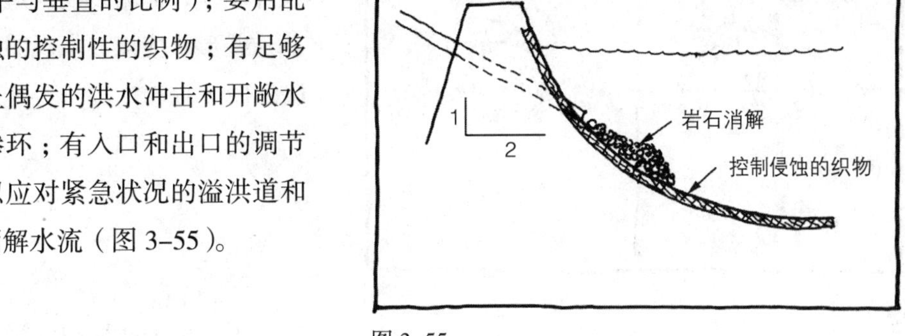

图 3–55

土壤的改良

可能有必要改造现有的土壤以安置适宜植物生长的材料。挖掘出的土壤可以贮存，以备日后作为适宜植物生长的材料。

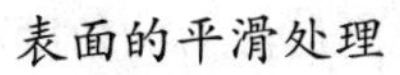

表面的平滑处理

在清除了表层的石块和木头之后，要铺上一层砂以保护覆盖在上面的防渗垫层，如果有喜欢打洞的动物会造成问题的话，就应该在砂层下再加一层塑料网。最上层至少要覆盖 4~6 英寸（10~15 厘米）的泥土，以保证浅根性水生植物的生长（图 3–56）。

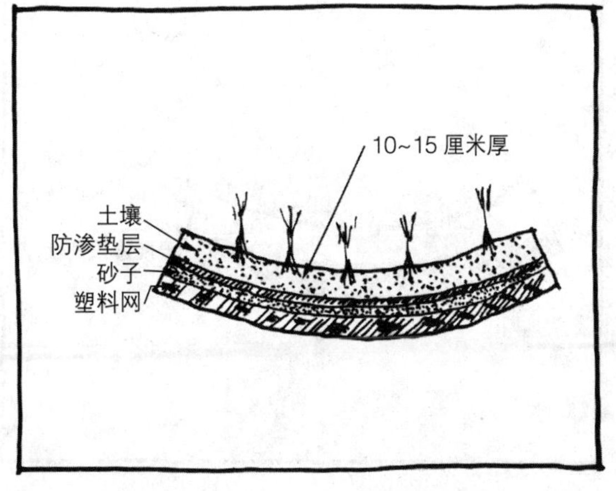

图 3–56

图 3–57

纳入水景元素设计

瀑布、喷水嘴、泉水中的石头、小喷泉以及可循环的水流，都可以设计到工程中去（图 3–57）。

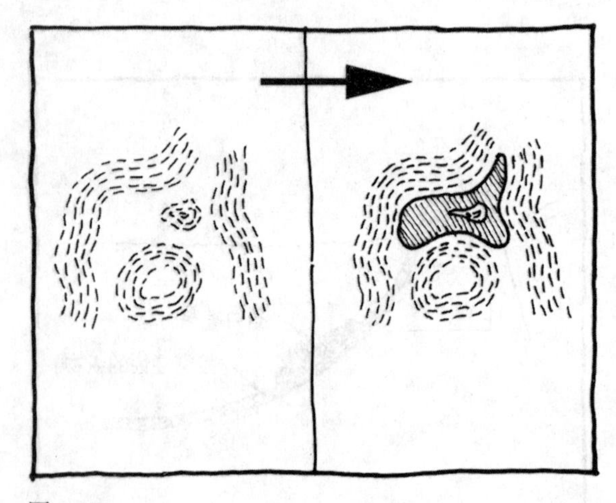

图 3–58

找坡

影响湿地景观成功的一个重要因素就是营造出精确的竖向高程。当我们在敏感场地设计水池、池塘以及河道的时候，一定要注意这些形状应该与景观的自然等高线相协调（图 3–58）。

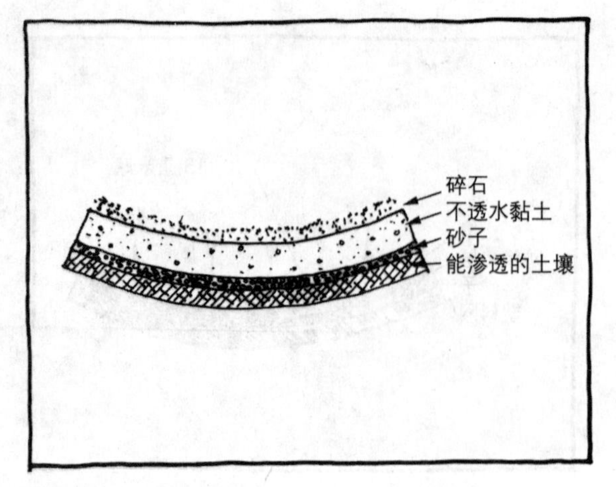

图 3–59

封底

因为地表池塘中的污水会对地下水资源造成污染，因此我们在建造湿地景观的时候一定要对湿地底部进行密封，以防止这种污染。弯曲的底面（深颜色可以让人感觉池底更深，粗糙的表面有助于让一些微粒留在上面，这样让颜色看上去更自然）的角度不应该超过45度，这样可以让池塘看上去更深远。铺 16~20 英寸（40~50 厘米）厚的黏土或者 8~12 英寸（20~30 厘米）厚的膨润土，夯实在池塘底部，然后在上面铺上 2~4 英寸（5~10 厘米）厚的碎石，这就是底部密封的做法（图 3–59）。

边缘以及水岸景观

在湿地的边缘带混合使用硬质和软质固定材料，比如滨水植物、碎石、自然石或铺路石、木质平台、砖石或者麻袋，可以防止水岸侵蚀（图 3–60）。

图 3–60

鱼类栖息地

在水中设置大木块和（或）碎石产卵床，可以营造出适合鱼类栖息的环境（图 3–61）。

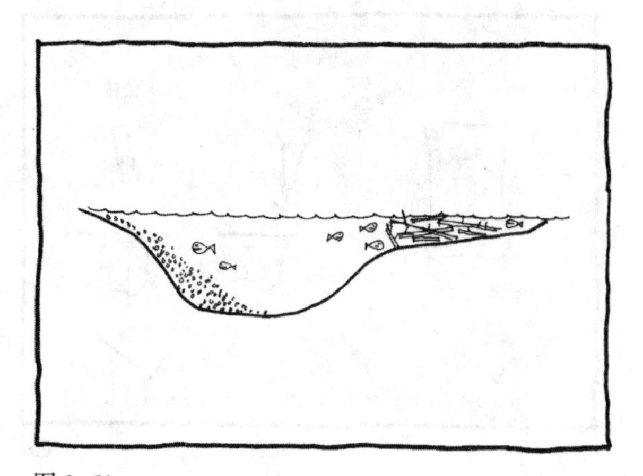

图 3–61

工程及构筑设施

此外，还要布置像潜水泵或者真空泵、充气泵、净水器这样的水下装置，以及桥梁、汀步石、亲水平台和码头这些水上装置（图 3–62）。

图 3–62

图 3-63

场所准备

一旦湿地的形状和坡度都做好后，我们一定要在雨洪到来之前将压实的土壤打散，使其均布在水平的河床上。为了移除已经存在的种子库，以减少春种时植物之间的生长竞争，需要挖掉表层的几英寸土壤（图 3-63）。

种植

类型

湿地植物有以下几种：个别植物的种子库、湿地土壤蕴含的活的混合种子、许多植物的根茎以及块茎，以及可以移植的整株植物。如果种植的区域大于 2.5 英亩（1 公顷），用种子种植就更经济（尽管结果可能不那么可预测）。用容器或腐殖土盆栽植物比直接种植在土壤中的植物有着更高的存活率，因此，即使植物的造价比种子贵，但长远来看它们更加经济（图 3-64）。

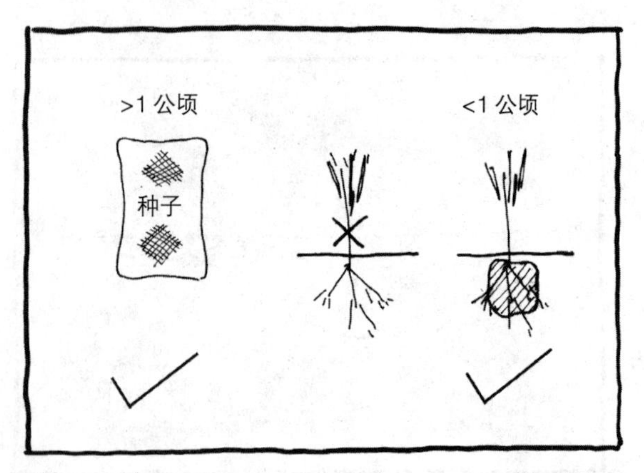

图 3-64

时间

尽管这不是最重要的，但在春季种植种子是可取的，这样植物就可以有一个完整的生长季节。对于不是在春季休眠的植物来说，种植的时间是保证种植成功的一个最重要的因素（因此如果错过了最佳种植时间，宁可再等一年，也不要尝试在种植时间之后的一个月强行种植）。对于秋季种植来说，我们建议种植休眠植物。它们有更好的过冬能力，在来年开春的时候，可以很快地生长起来（图 3-65）。

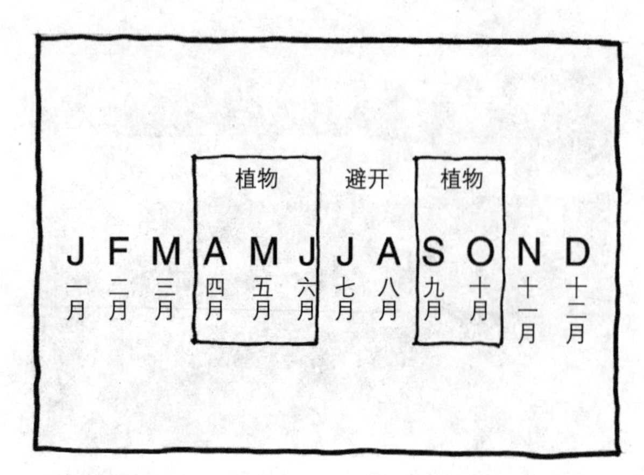

图 3-65

间隔

挺水植物的种植间隔为 3 英尺（1 米），大约每英亩 4000 个（每公顷 10000 个）；开小花的植物，种植间隔在 1.5 英尺（0.5 米），大约每英亩 8000 个（每公顷 20000 个），这样可以使植物有舒展及生长的空间。增加植物的种植密度和组团大小，能够补偿高能量系统水流造成的损失，还有来自野生生物的破坏；因为食草动物更倾向于优先选择独立的植物，而不是已经长成一片的植物。有些植物蔓延势头很旺，可以种植在盆里以限制它的生长（图 3–66）。

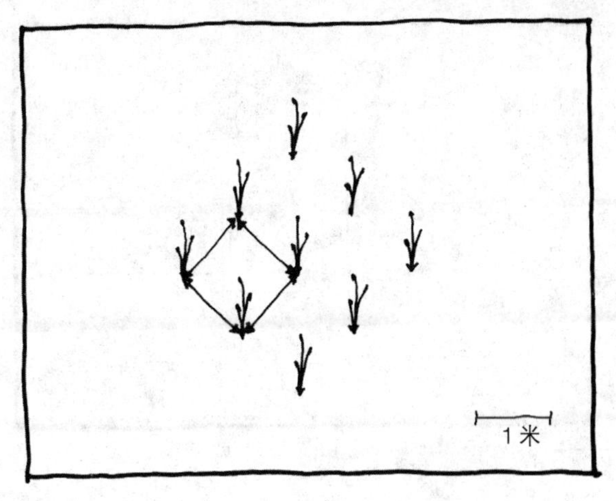

图 3–66

肥料

在低产量系统中，在植物种植坑的底部施肥，可以防止藻类在水中大量繁殖。

水

（a）深度

有经验的种植人员会指出旱种和湿种的利弊。一般来说，沿岸种植在 2~3 英寸（5~8 厘米）深的水中很合适（图 3–67）。

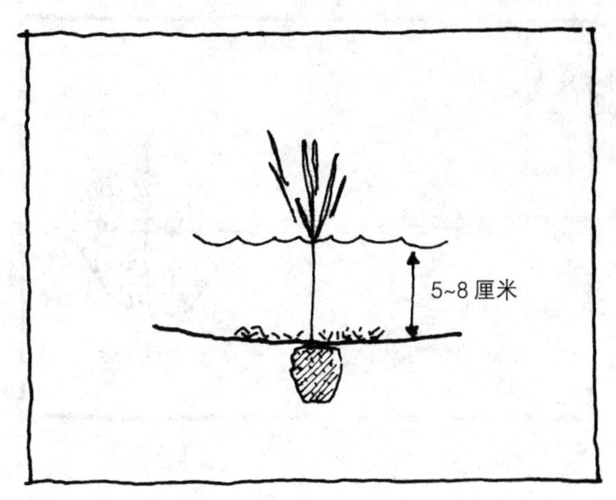

图 3–67

（b）水文

平稳的水流有助于保护垫层，也可以让植物更好地适应环境。植物应该在污水进入之前就已经稳固地种好了。有些植物需要活动的水流，但应该限制水位下降周期，直到植物已经完全长好（图 3–68）。

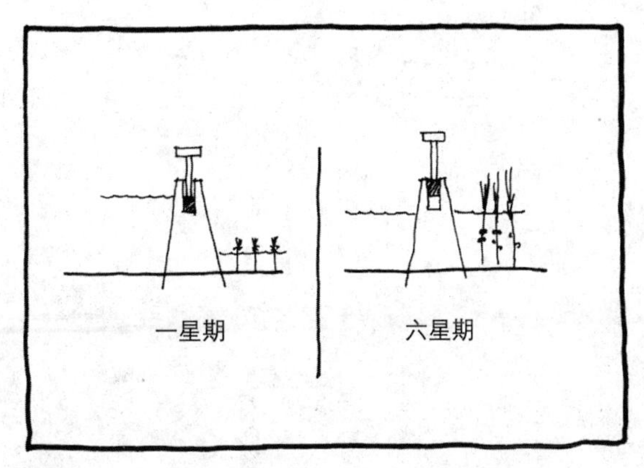

图 3–68

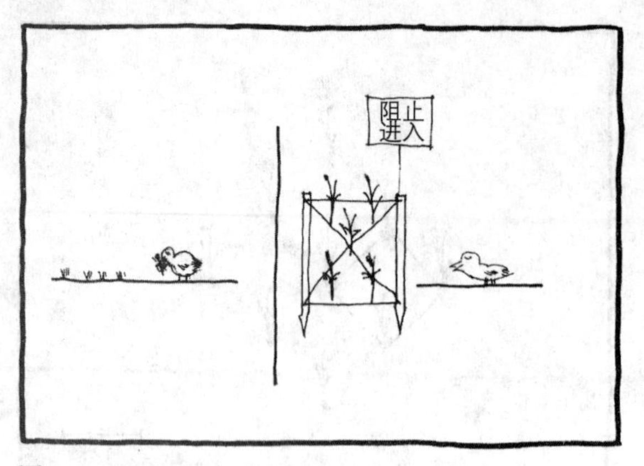

图 3–69

食草动物

在成熟的植物外面用屏障或围栏来控制食草动物是十分必要的。因为鹅都是从水中向岸边这个方向捕食的，围栏可以有效地保持植物的表面轮廓。在内陆边缘地带可以利用更坚固的材料，特别是在有狗出现的地方还是很有必要的（图 3–69）。

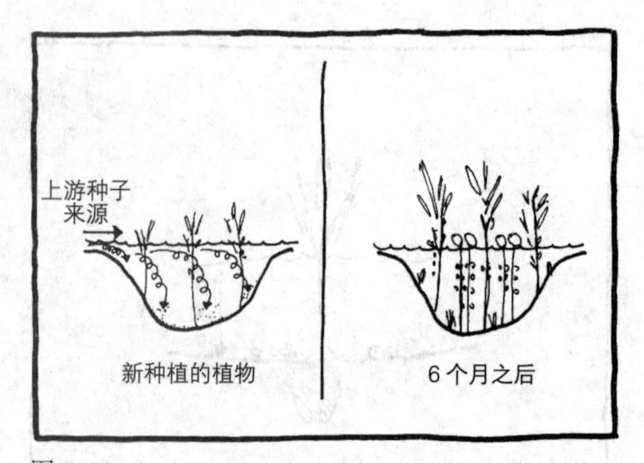

图 3–70

或者自然移植?

有时候，自生自长的植物覆盖了超过 90% 的面积，并为所创建湿地的多样性作出了贡献（取决于离种子源头的远近、传播途径、现有植被的范围、湿地建设的年份，以及土壤的来源和种类）。因为种植有时是昂贵并且不必要的，有一种策略就是在加速植被恢复的自然进程中特意采用人工种植（图 3–70）。

监测

湿地的营造并不是在洼地里注上水并播撒种子或手工种植植物后就算完成了。

最终的维护计划

必要的跟进维护工作包括：长期的责任及资金，日常清洁工作以及对入水口和出水口进行检查，除草，堤岸检查，监测沉积物积累的深度，水位及水文预算复核，水质监控，检查植物的种类构成、密度以及生存能力，此外还要监控湿地的整体健康状况。

植物建构期

至少需要一个完整的生长季节的调查，这是任何景观合同的一部分。一个项目的成功与否，就看一年以后，该地区 20%~50% 的部分是否被植物覆盖，是否有大于 50%~80% 的植物存活率。

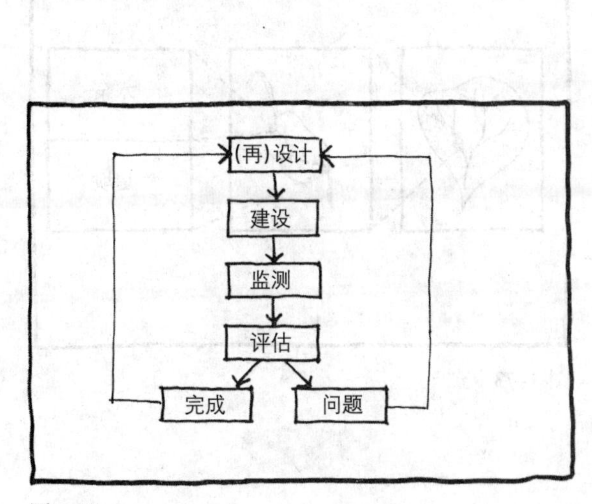

图 3–71

发展性能标准

为了能够评价湿地的建立或恢复项目最终的成败，需要花上几年的时间来对其进行数据的收集和评估（图 3–71）。

改进设计导则

因为湿地建设是一个快速发展的领域，而且通过对过去项目的经验学习（和真诚的分享），将来的湿地设计会得到很大的提升，所以提出有关优与劣的详述报告特别有价值（尽管不幸的是这种情况很少出现）。

项目的成败

失败的湿地建立和恢复的项目有很多。这些项目失败的原因常常在于那些不确定的目标、低劣的工程技术和生态设计、背景资料准备不充分、缺乏适应性管理，以及一种错误的认识，即在开始种植和傲慢的评估时，项目就算结束了。

目标的制定

问题：目标通常不明确或者不切合实际。

解决手段：明确一定数量的可以实现的项目目标（图 3–72）。

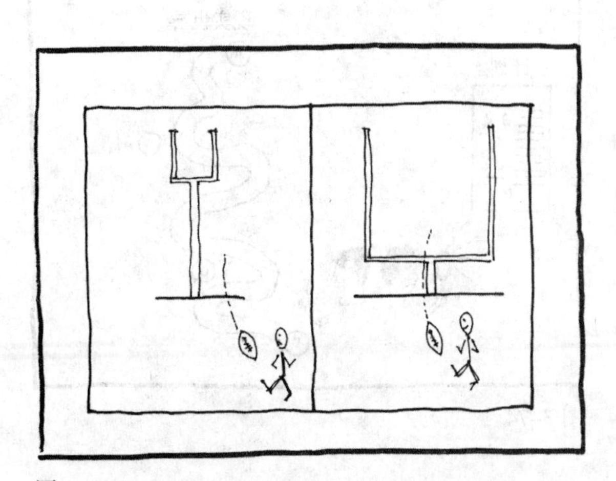
图 3–72

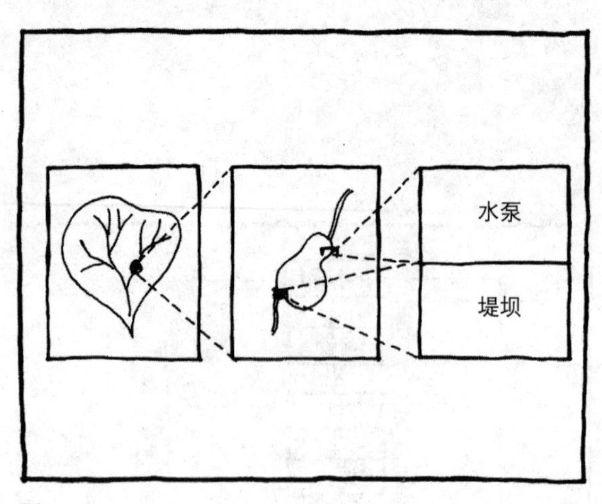

图 3–73

水文不平衡

问题：由于对水量收支计算了解甚少，错误地运用地下水文知识。

解决手段：通过对场地特殊现状的详细评估，设计一个集水区，并修建一些预防紧急情况的结构设施，如堤坝和水泵（图 3–73）。

植物死亡率

问题：由于错误地选择植物，或不了解其物理化学环境情况，进而设定错误的栽植密度，造成植物的死亡。

解决手段：了解与所设计湿地条件相关的植物的自然历史，然后制定出一个详细、精确的种植计划。

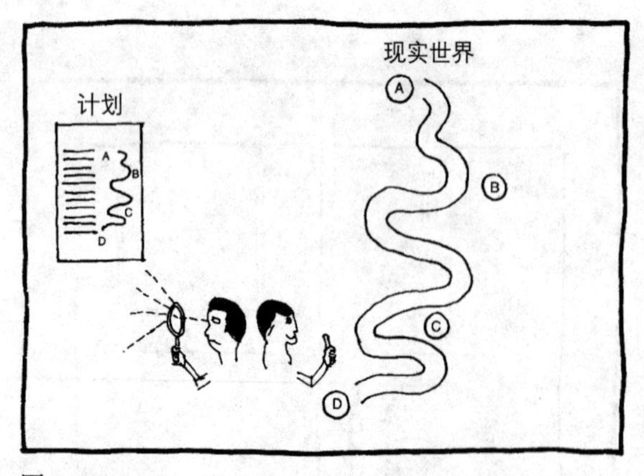

图 3–74

令人讨厌的意外

（a）在项目进程中

问题：在现场会遇到许多无法预料到的困难，使得最初的方案被轻易修改。

解决手段：专业人士的监督管理对于这种处于快速变化中的计划是非常有必要的（图 3–74）。

（b）项目完成后

问题：不利因素的累加，影响了人工湿地发挥其功效的能力。

解决手段：通过设计保护措施来应对最糟糕的影响，制定适应性的管理计划：例如修建大型缓冲区和保护带来滞留雨水，采用化学吸收的手段和设置野生生物避难所（图 3–75）。

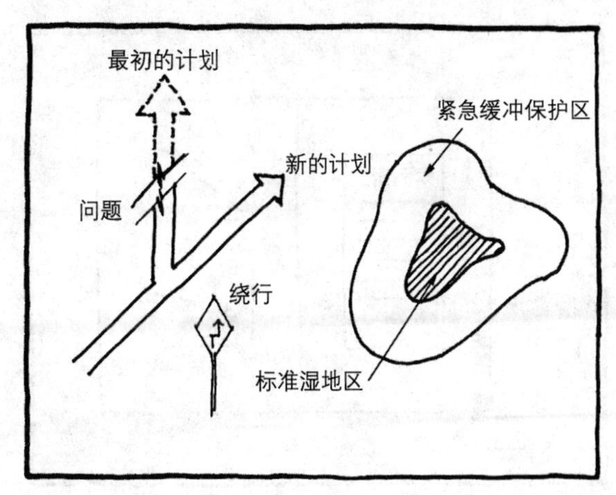

图 3–75

评估

（a）建立最初的底线

问题：没有一个确切的方法能有效评估湿地的建设与恢复。

解决手段：制定一份关于周边湿地功能的详细评估，并要逐项说明其实体形态和稳定的生态属性（图 3–76）。

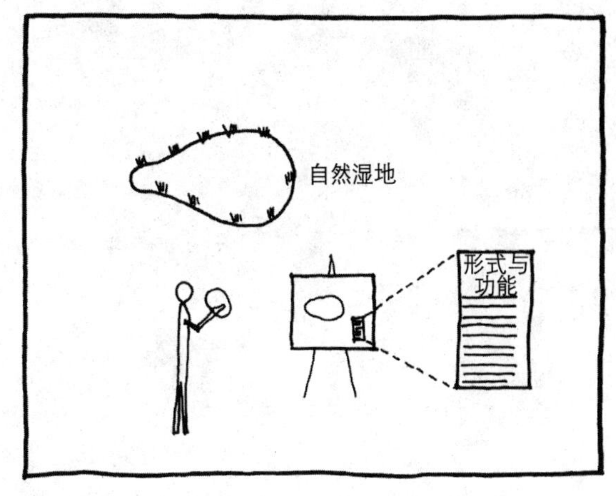

图 3–76

（b）定期检查

问题：没有项目监督。

解决手段：坚持按照充满活力的、预定的计划进行长期监测和维护，这种工作需要有充足的资金支持（图 3–77）。

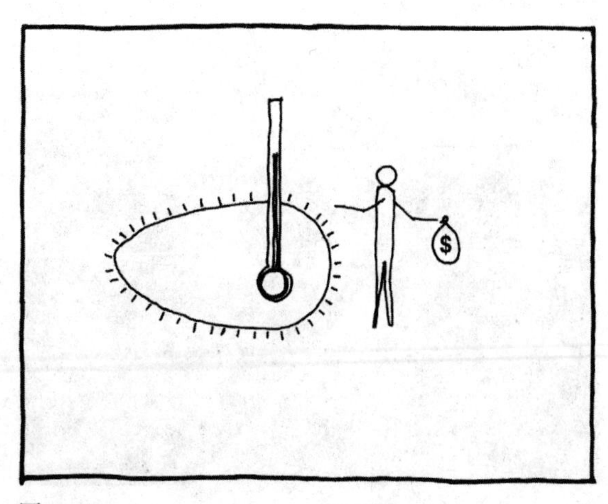

图 3–77

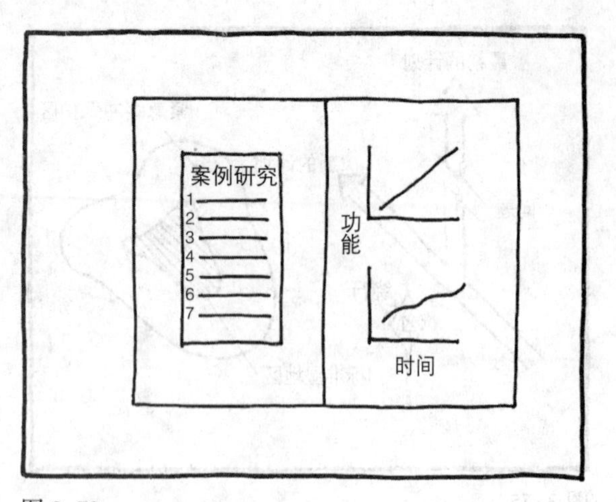

图 3–78

（c）最后的判定

问题：仅通过展示照片来判断项目的成功，这些照片展示的只不过是植物健康生长的假象。

解决手段：执行政府强制的综合监控计划，然后用科学的答辩的方法展示这个结果，以确保高标准的成功（图 3–78）。

教育

让公众了解有解说系统的湿地，可以促使他们认识到有必要保护那些还没有被破坏的湿地，同时要修复那些已经退化了的湿地。

场所评估

测绘那些具有特殊生态意义或者文化价值的地方，并且将其加入到解说系统中；公众要远离那些敏感特殊的环境或威胁（例如洪灾区）；选择最适宜教育设施的地点。

可通达性

要巧妙地布置小径、瞭望塔、野生生物观赏窗和平台、停车场、码头、野餐区，特别是木栈道，这些都可以把人和湿地紧密地联系在一起（图 3–79）。

图 3–79

解说牌

尽管常常资金不足，但是在解说牌上用图文的形式来进行宣传教育是非常有效的联系人与湿地的方式。在经费有限的情况下，可以在路线图上用编号标示出那些湿地中最具特色的地方（图 3–80）。

图 3–80

教学材料

小册子、报告、幻灯片、录像和模型，以及其他的方式，如学校课程教育和导游的指引，可以帮助公众了解特殊项目的目标（例如野生生物栖息地的修复或者雨洪管理）（图 3–81）。

图 3–81

信息

尽管大部分的解说系统向公众传达了关于湿地动植物的信息，但是仍有必要提高公众关于人与湿地之间复杂关系的认识，关于在水文波动和生态演替方面的湿地的动态性的认识，以及对湿地在整个流域所起的作用的认识（图 3–82）。

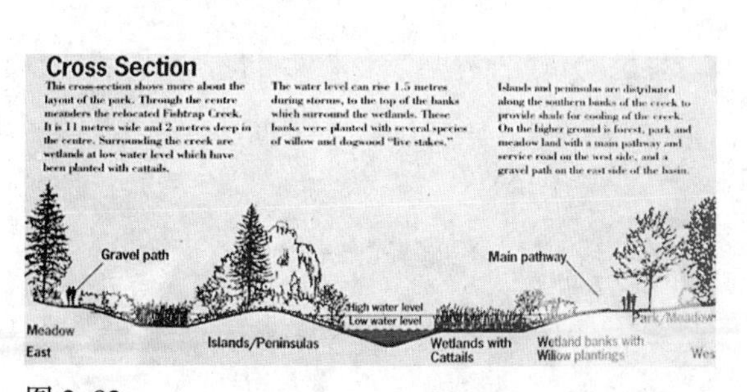

图 3–82

图 3-83

建筑

信息亭要分布在关键场所，并且集中的解说中心可以向公众传播湿地的知识（图 3-83）。

图 3-84

生态旅游

由于大量游客的涌入，湿地可以为其邻近社区提供良好的生态效益（图 3-84）。

第 2 节　实践应用

下列示意图来自 60 多个公开发表的研究成果。这些都是实际的案例，而不是理论上的湿地设计项目。显然，这些项目的形状、大小和最终的形态都不相同，而这都归于设计理论和场所语用学的统一。这些案例分为以下 5 类：

1. 内部配置
2. 空间安排
3. 处理网络
4. 流程示意图
5. 断面图

1. 内部配置

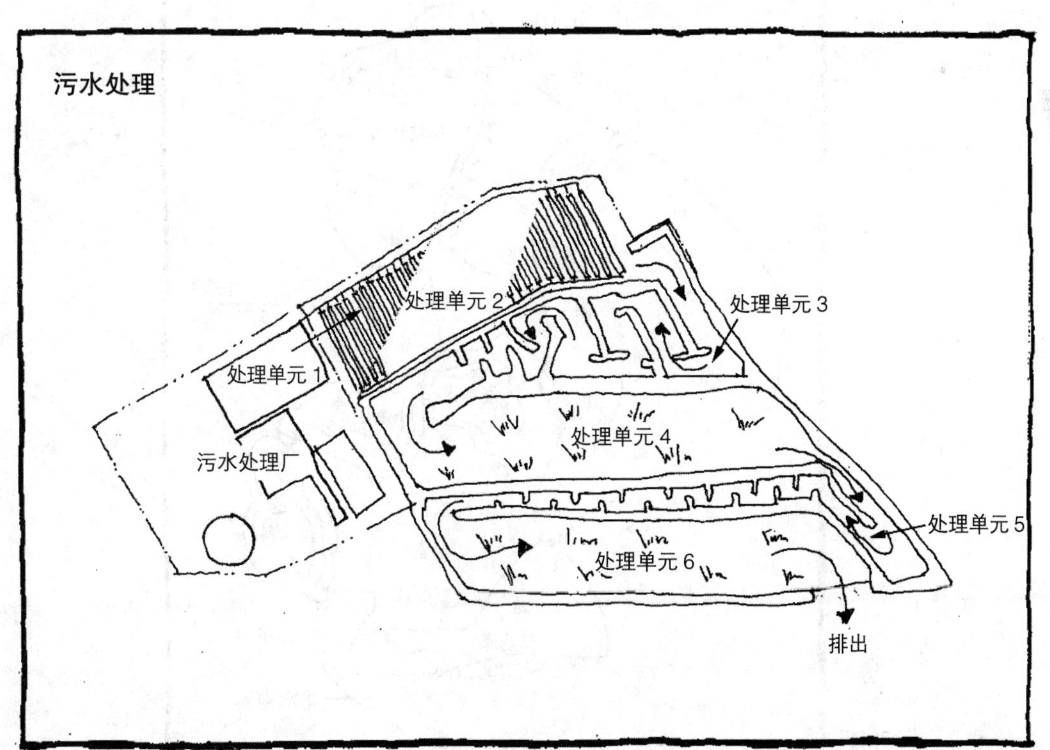

图 3–85

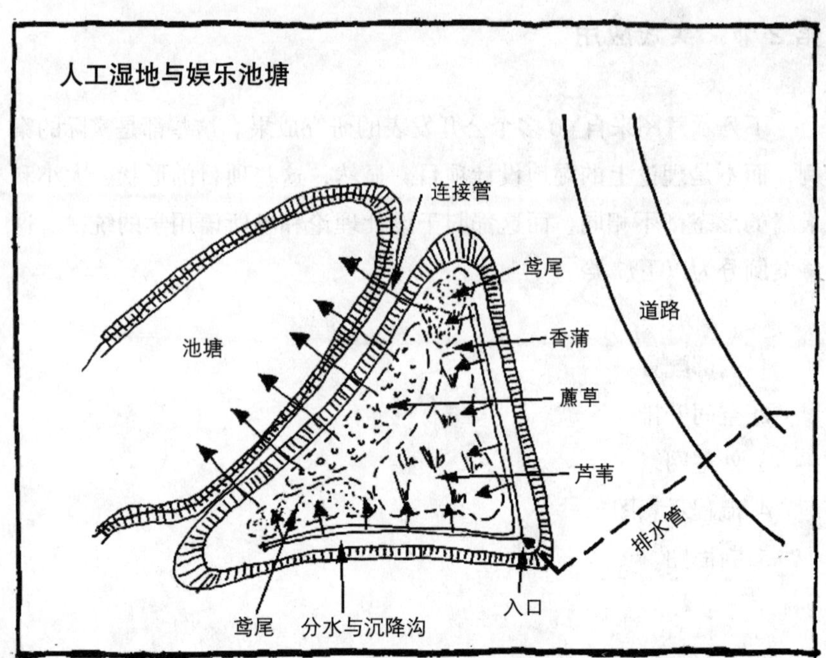
人工湿地与娱乐池塘
连接管
鸢尾
道路
池塘
香蒲
藨草
芦苇
排水管
入口
鸢尾
分水与沉降沟

图 3-86

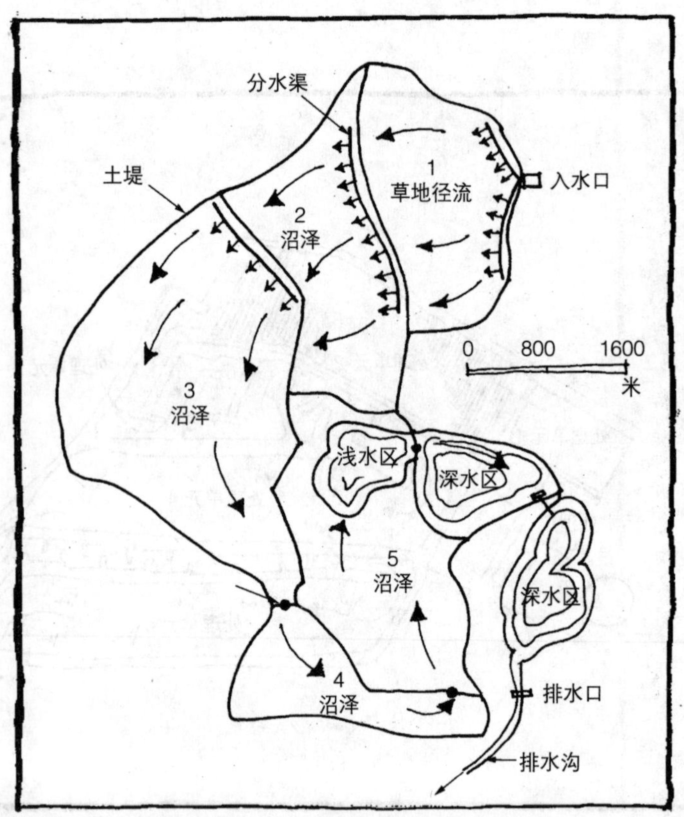
分水渠
土堤
1
草地径流
入水口
2
沼泽
0 800 1600
米
3
沼泽
浅水区
深水区
5
沼泽
深水区
4
沼泽
排水口
排水沟

图 3-87

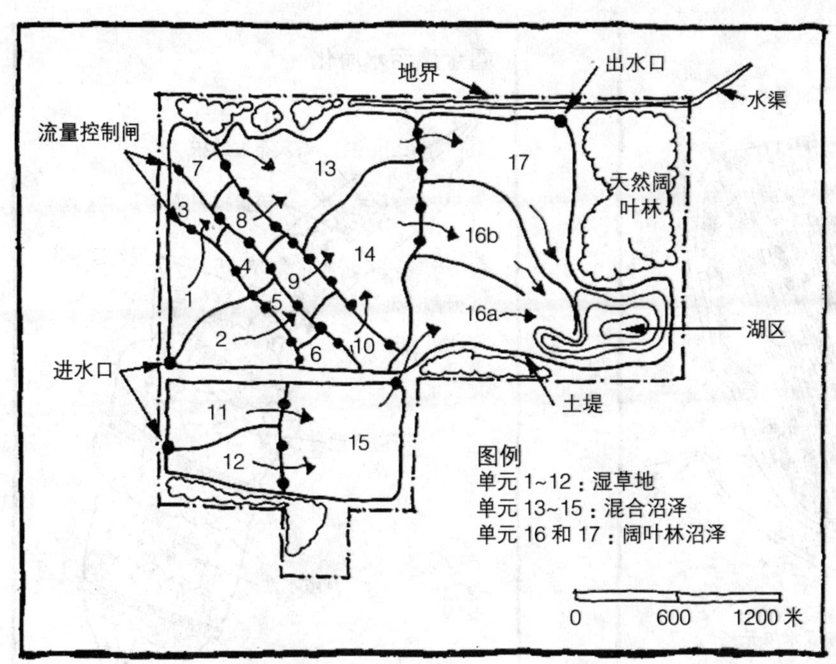
地界
出水口
水渠
流量控制闸
天然阔叶林
湖区
进水口
土堤
图例
单元 1~12：湿草地
单元 13~15：混合沼泽
单元 16 和 17：阔叶林沼泽
0
600
1200 米

图 3-88

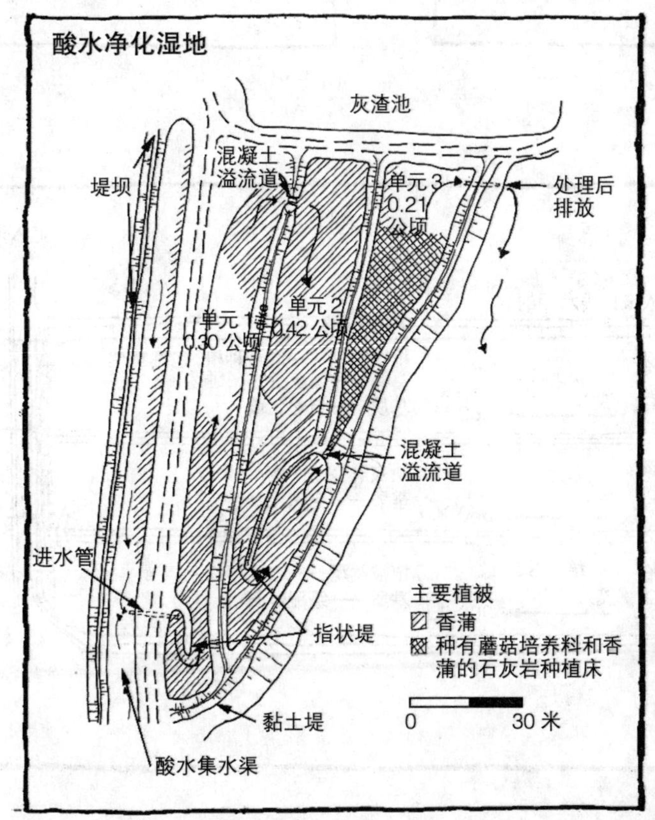
酸水净化湿地
灰渣池
混凝土
溢流道
堤坝
单元 3
0.21
公顷
处理后
排放
单元 1
0.30 公顷
单元 2
0.42 公顷
混凝土
溢流道
进水管
主要植被
香蒲
种有蘑菇培养料和香蒲的石灰岩种植床
指状堤
黏土堤
0
30 米
酸水集水渠

图 3-89

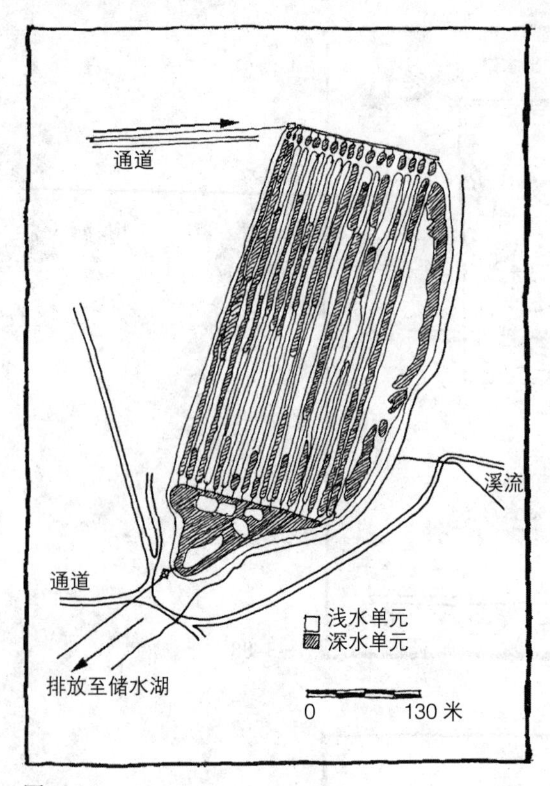

图 3-90

图 3-91

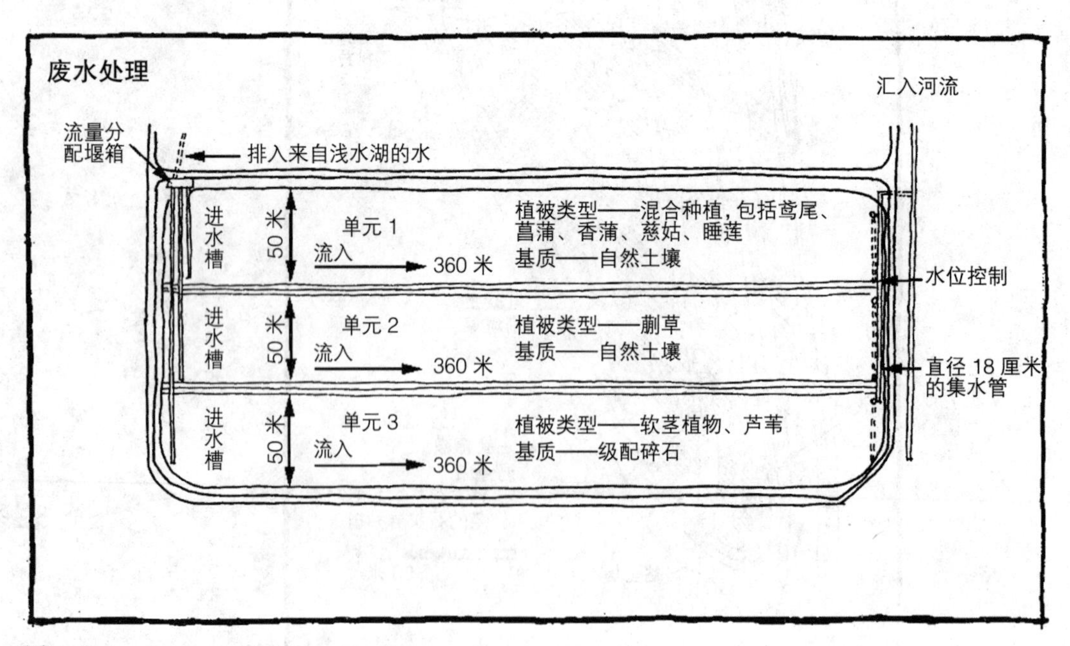

图 3-92

2. 空间安排

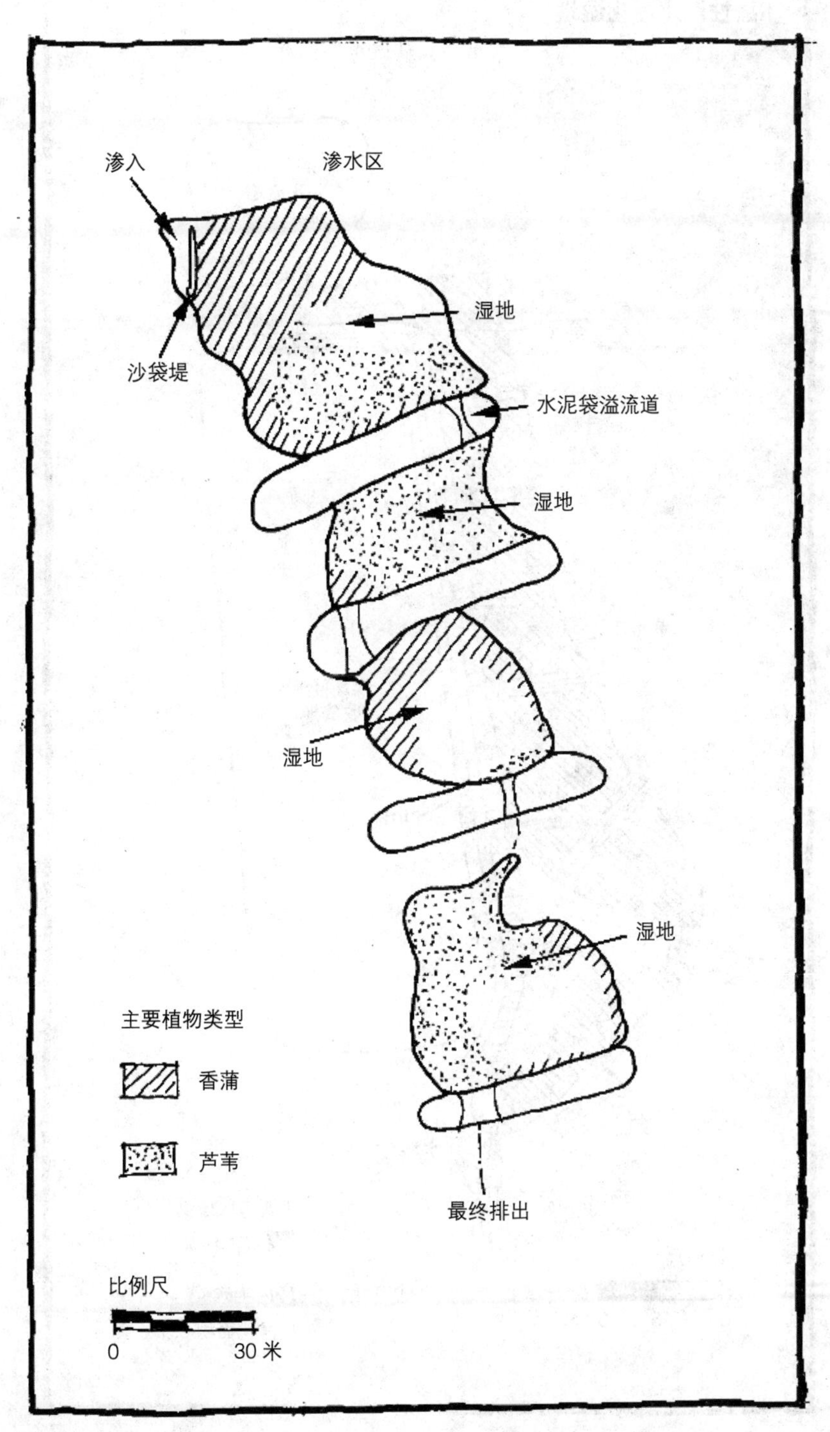

图 3–93

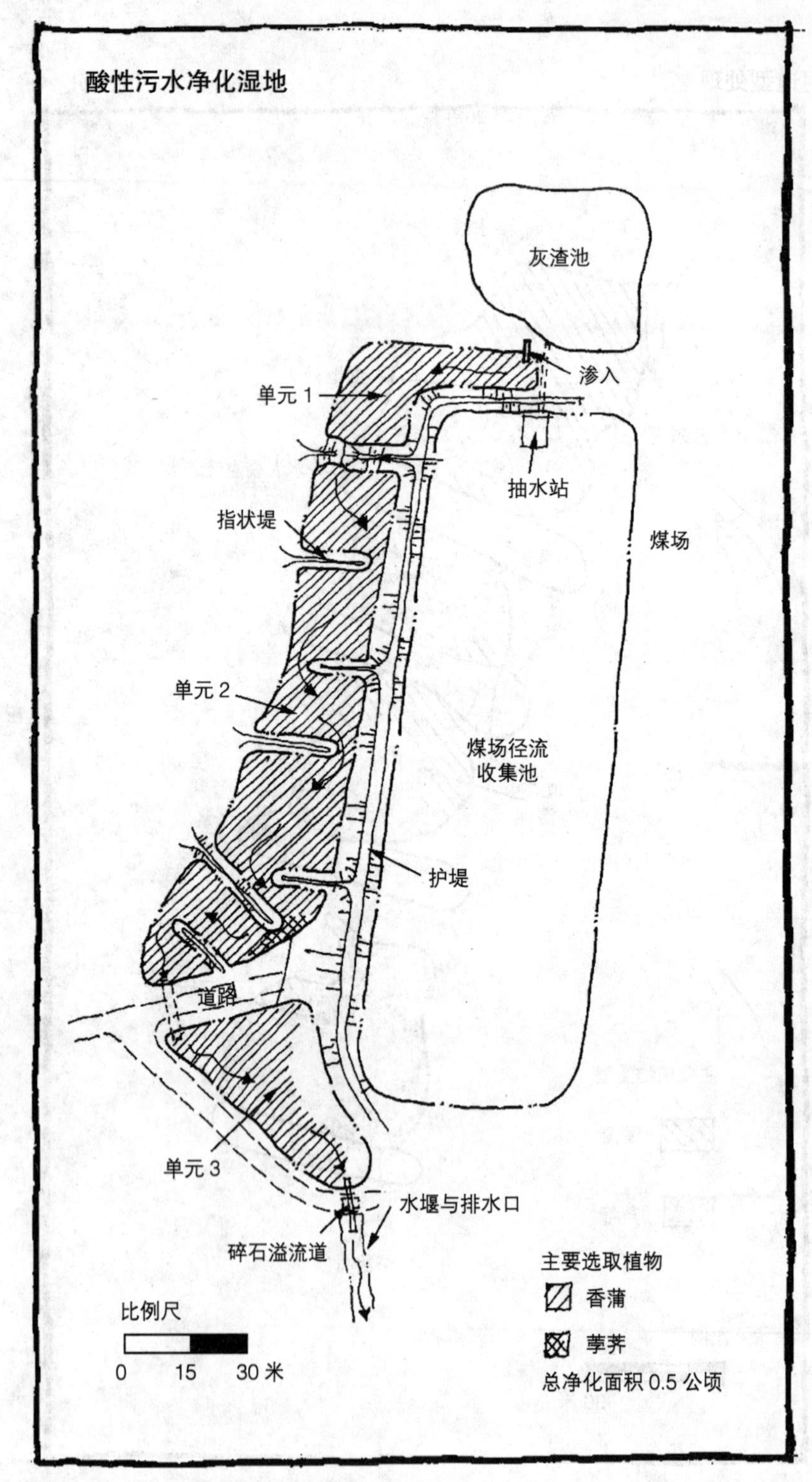
酸性污水净化湿地
灰渣池
渗入
单元 1
抽水站
指状堤
煤场
单元 2
煤场径流
收集池
护堤
道路
单元 3
水堰与排水口
碎石溢流道
主要选取植物
香蒲
荸荠
总净化面积 0.5 公顷
比例尺
0
15
30 米

图 3–94

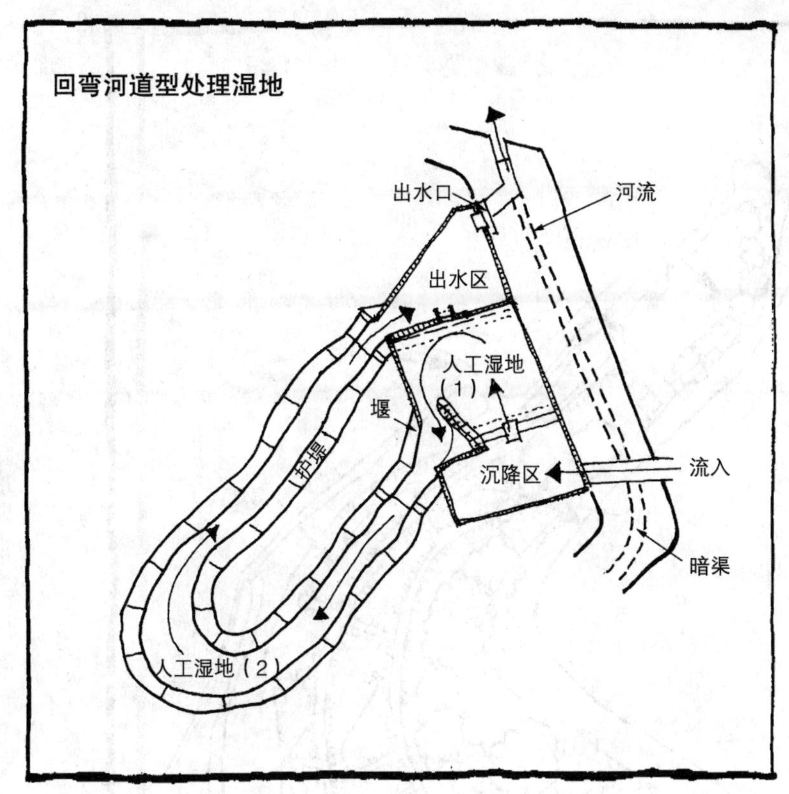
回弯河道型处理湿地
出水口
河流
出水区
人工湿地
（1）
堰
护堤
沉降区
流入
暗渠
人工湿地（2）

图 3-95

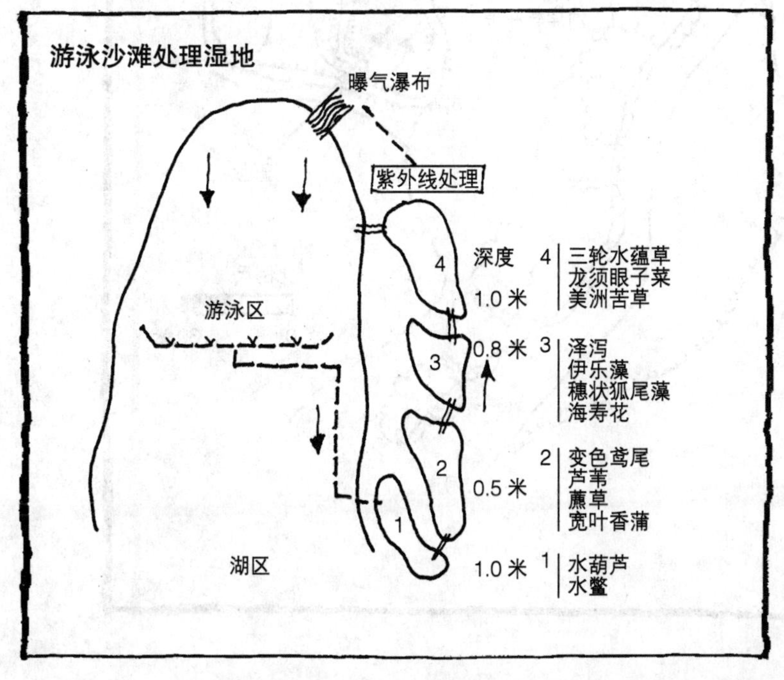
游泳沙滩处理湿地
曝气瀑布
紫外线处理
深度
4
1.0 米
三轮水蕴草
龙须眼子菜
美洲苦草
游泳区
0.8 米
3
泽泻
伊乐藻
穗状狐尾藻
海寿花
2
0.5 米
变色鸢尾
芦苇
藨草
宽叶香蒲
1
湖区
1.0 米
水葫芦
水鳖

图 3-96

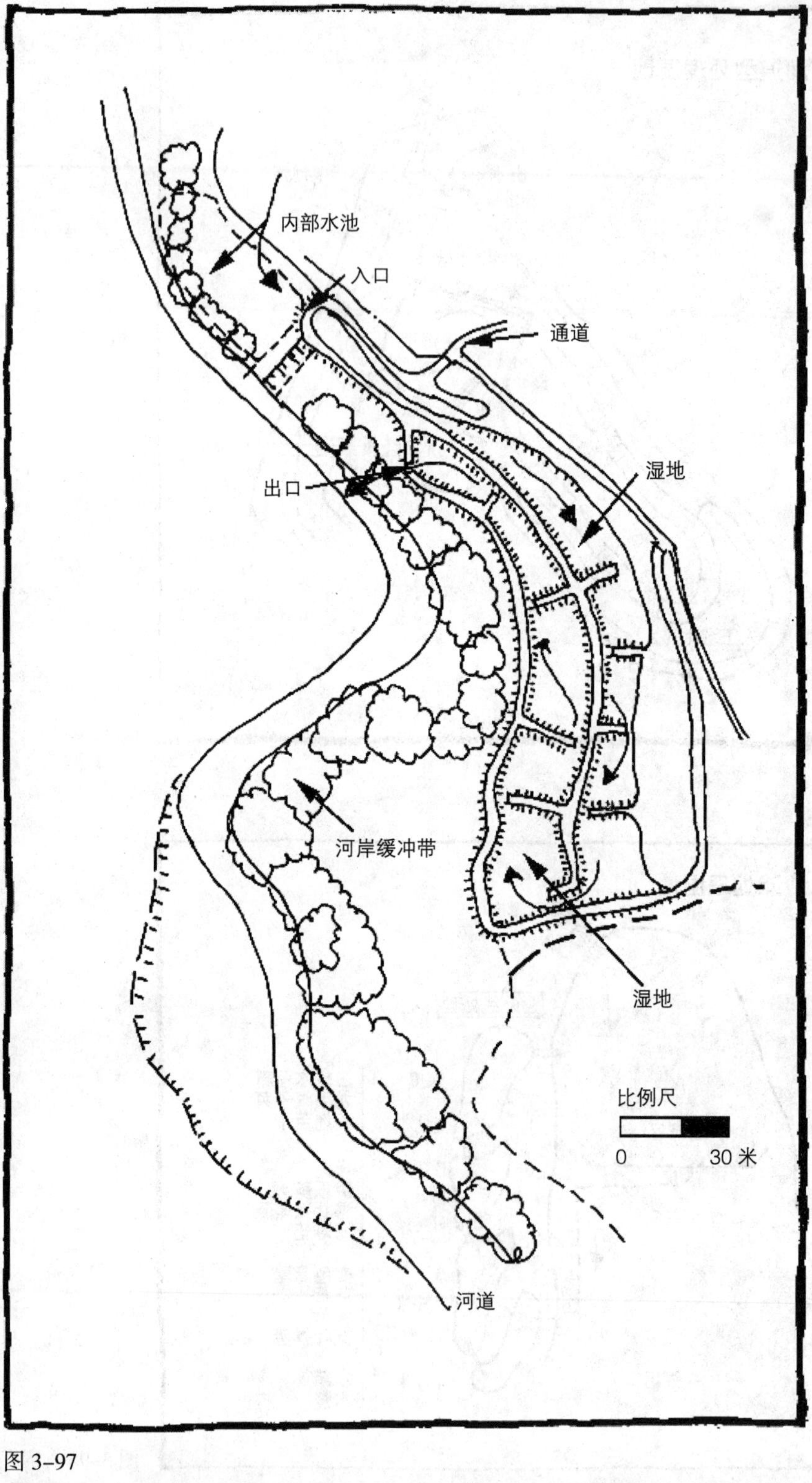

内部水池
入口
通道
湿地
出口
河岸缓冲带
湿地
比例尺
0
30 米
河道

图 3-97

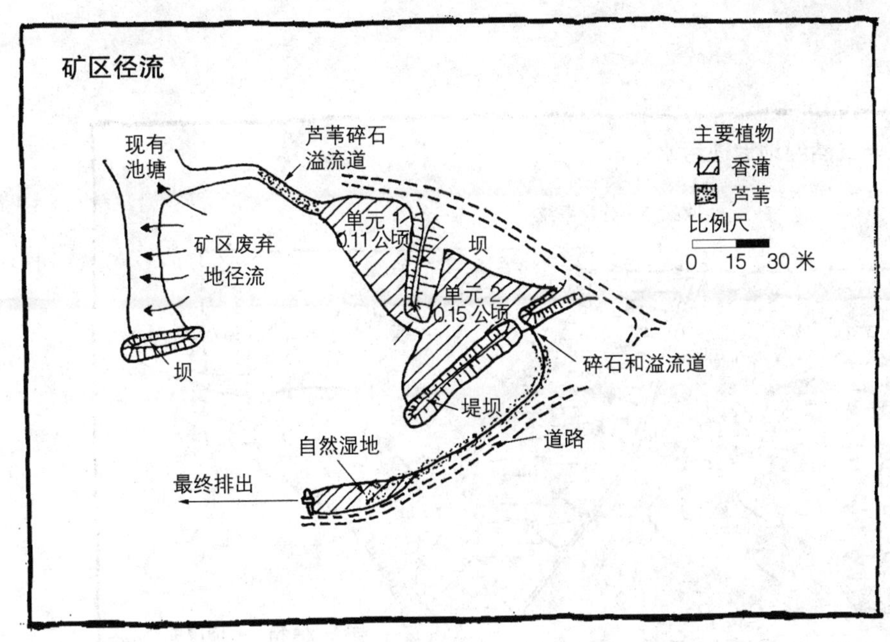
矿区径流
现有
池塘
芦苇碎石
溢流道
主要植物
香蒲
芦苇
比例尺
0
15
30 米
单元 1
0.11 公顷
坝
矿区废弃
地径流
单元 2
0.15 公顷
坝
碎石和溢流道
堤坝
道路
自然湿地
最终排出

图 3–98

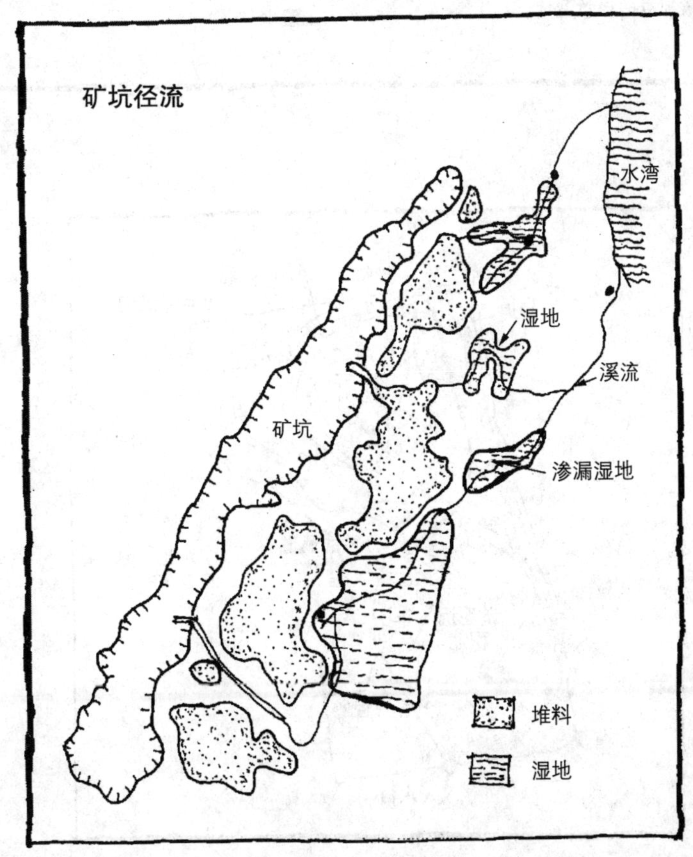
矿坑径流
水湾
湿地
溪流
矿坑
渗漏湿地
堆料
湿地

图 3–99

3. 处理网络

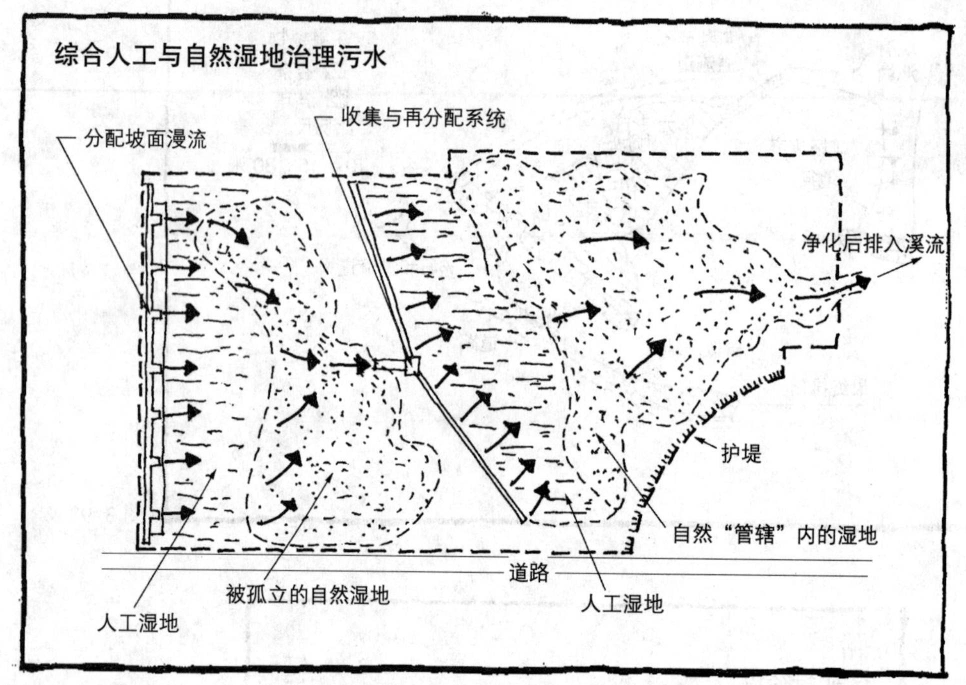

图 3-100

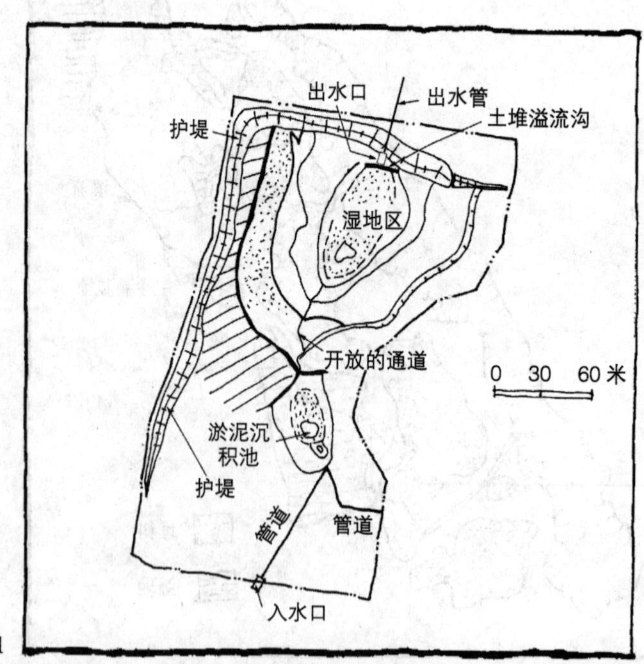

图 3-101

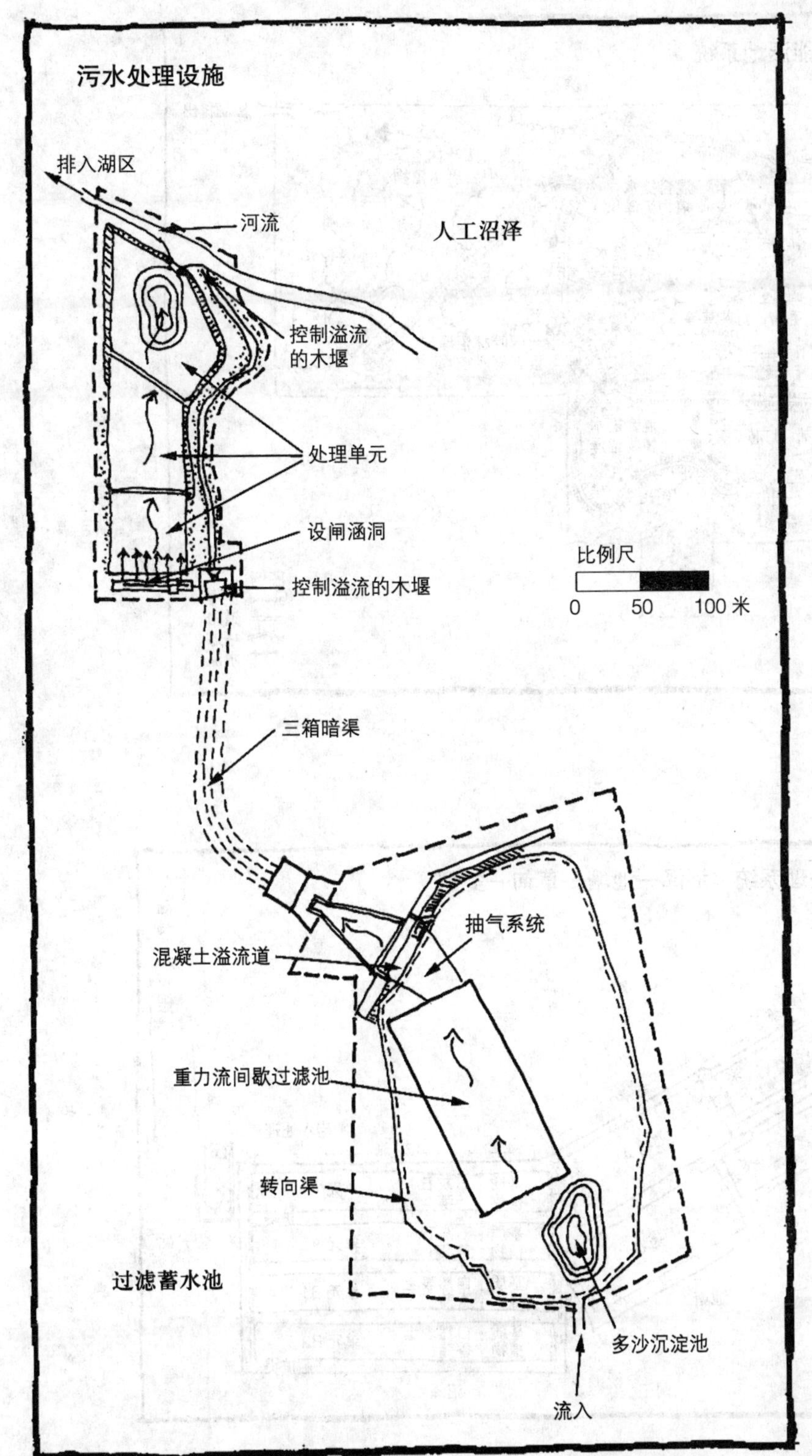
污水处理设施
排入湖区
河流
人工沼泽
控制溢流
的木堰
处理单元
设闸涵洞
比例尺
0
50
100 米
控制溢流的木堰
三箱暗渠
抽气系统
混凝土溢流道
重力流间歇过滤池
转向渠
过滤蓄水池
多沙沉淀池
流入

图 3-102

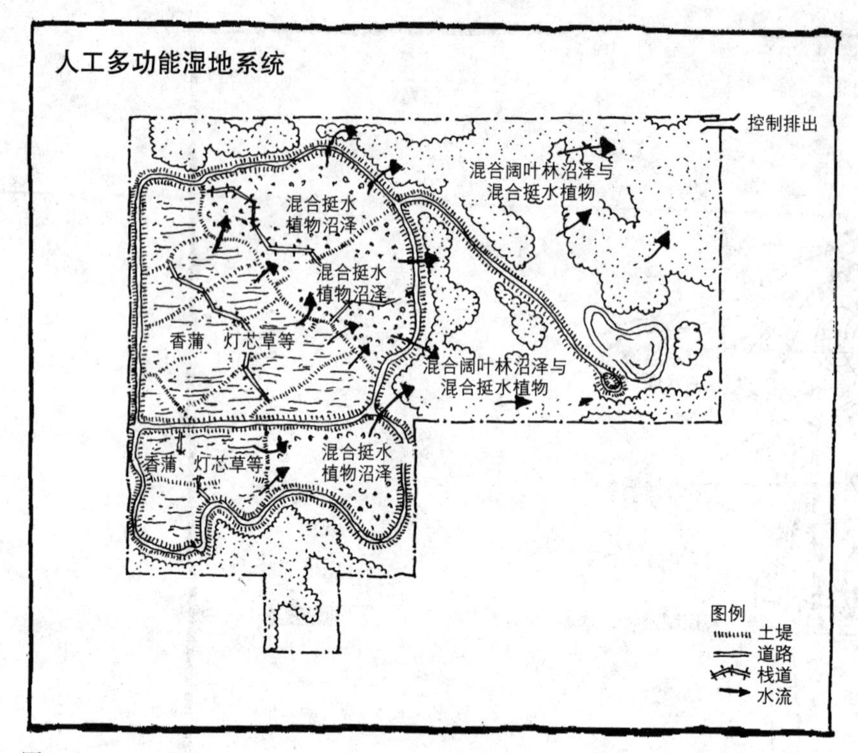
人工多功能湿地系统
控制排出
混合阔叶林沼泽与
混合挺水植物
混合挺水
植物沼泽
混合挺水
植物沼泽
香蒲、灯芯草等
混合阔叶林沼泽与
混合挺水植物
香蒲、灯芯草等
混合挺水
植物沼泽
图例
土堤
道路
栈道
水流

图 3-103

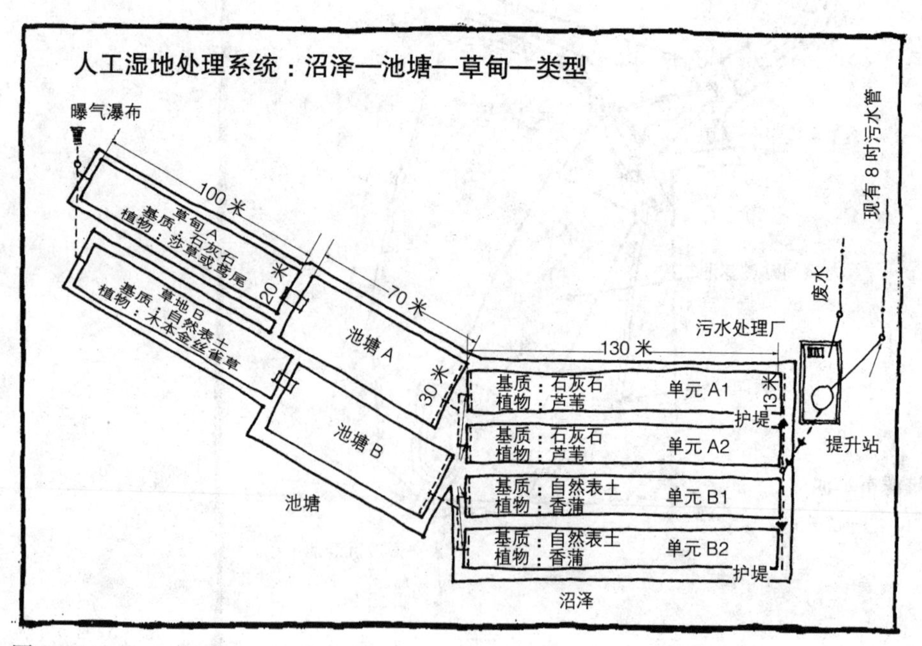
人工湿地处理系统：沼泽—池塘—草甸—类型
曝气瀑布
100 米
草甸 A
基质：石灰石
植物：沙草或鸢尾
20 米
草地 B
基质：自然表土
植物：木本金丝雀草
70 米
池塘 A
30 米
池塘 B
池塘
130 米
污水处理厂
废水
现有 8 吋污水管
基质：石灰石
植物：芦苇
单元 A1
13 米
护堤
基质：石灰石
植物：芦苇
单元 A2
提升站
基质：自然表土
植物：香蒲
单元 B1
基质：自然表土
植物：香蒲
单元 B2
护堤
沼泽

图 3-104

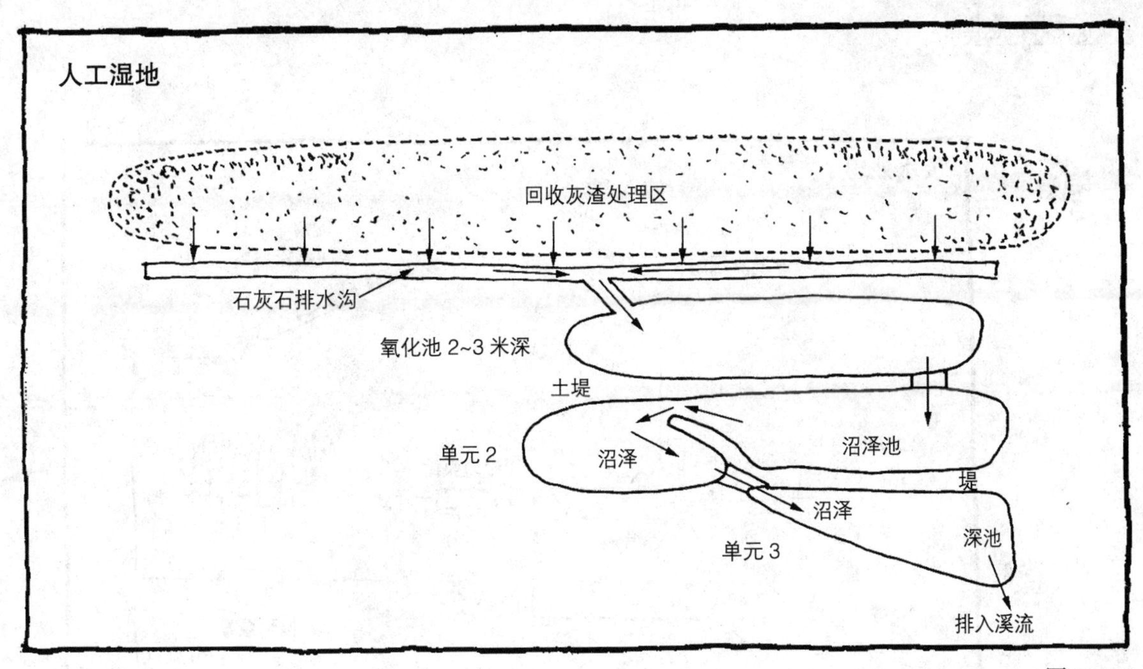
人工湿地
回收灰渣处理区
石灰石排水沟
氧化池 2~3 米深
土堤
单元 2
沼泽
沼泽池
堤
沼泽
单元 3
深池
排入溪流

图 3-105

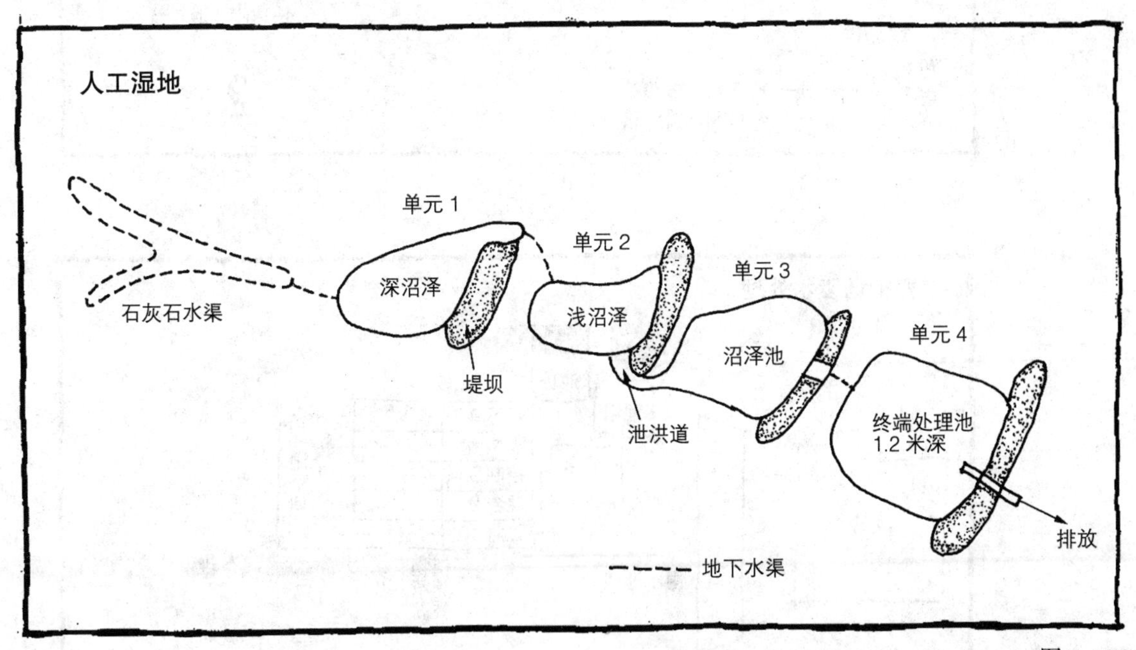
人工湿地
单元 1
单元 2
单元 3
单元 4
深沼泽
浅沼泽
沼泽池
石灰石水渠
堤坝
泄洪道
终端处理池
1.2 米深
排放
地下水渠

图 3-106

4. 流程示意图

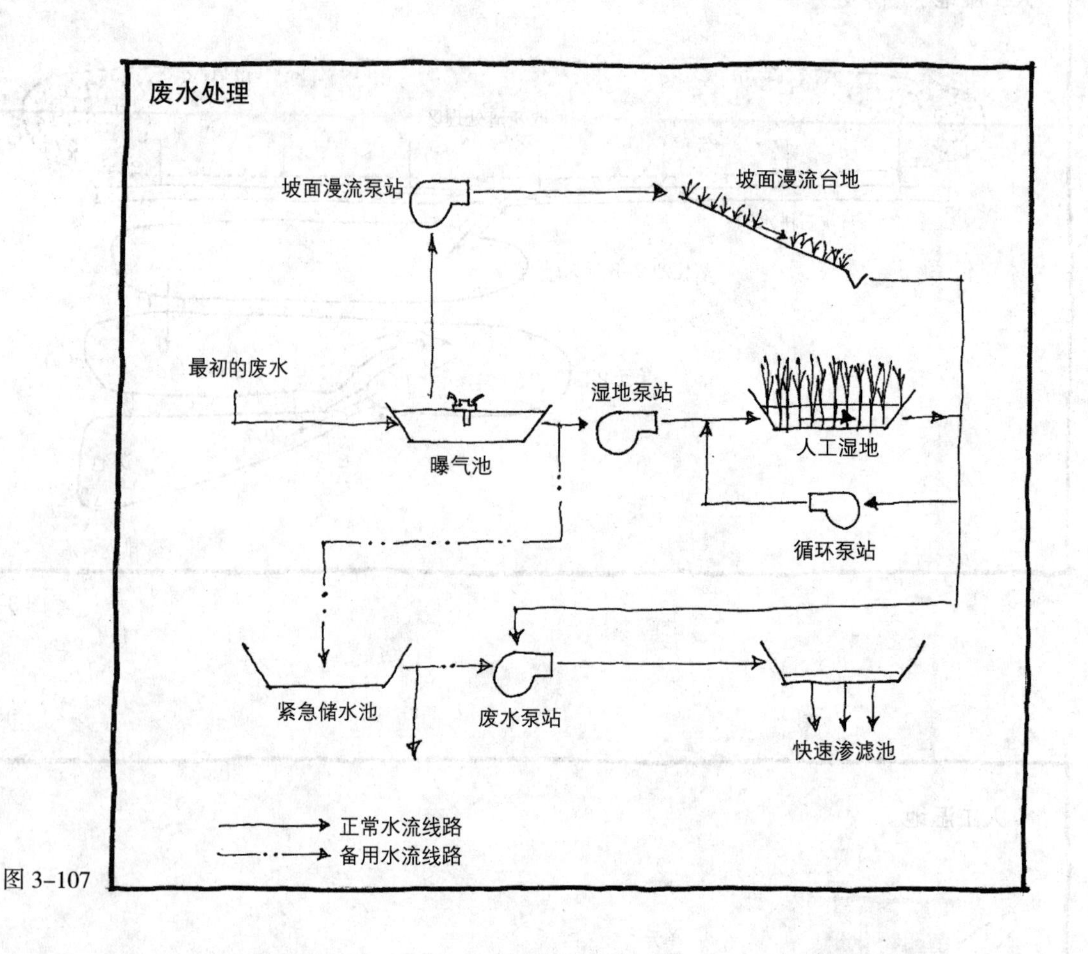

图 3-107

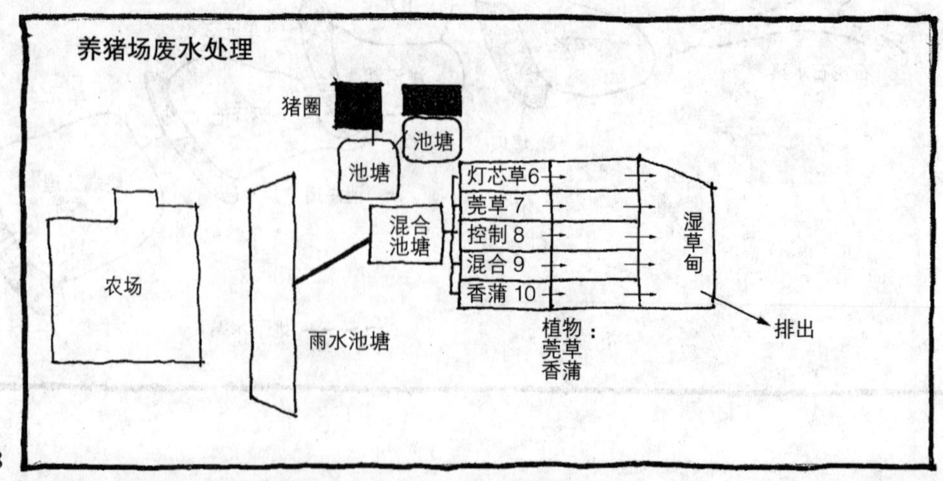

图 3-108

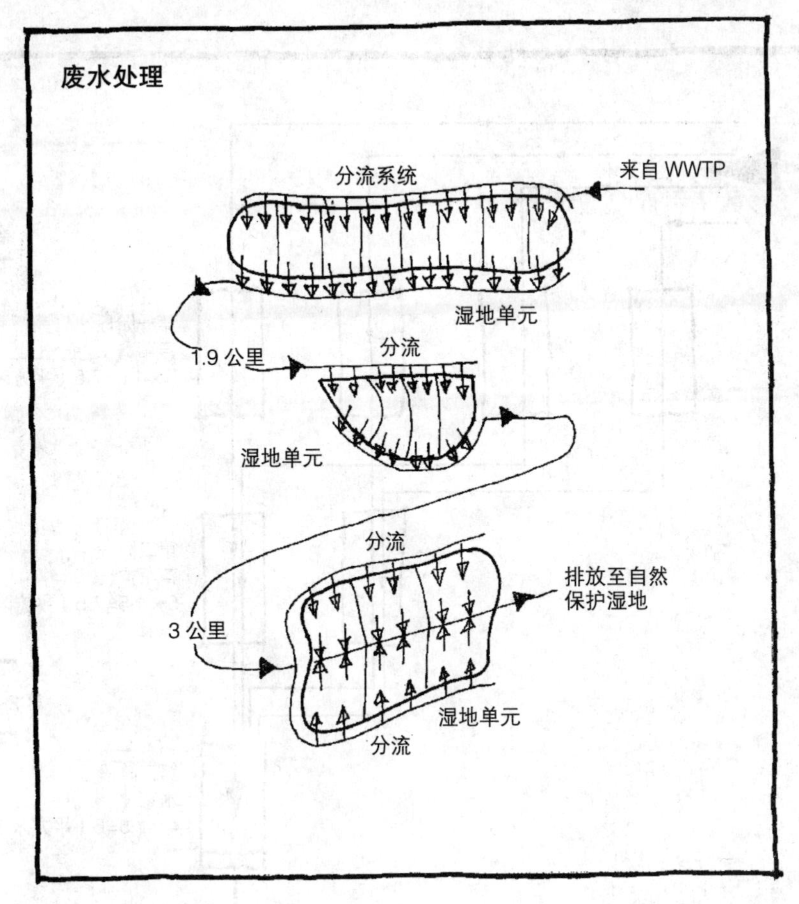
废水处理
分流系统
来自 WWTP
湿地单元
1.9 公里
分流
湿地单元
分流
排放至自然
保护湿地
3 公里
湿地单元
分流

图 3–109

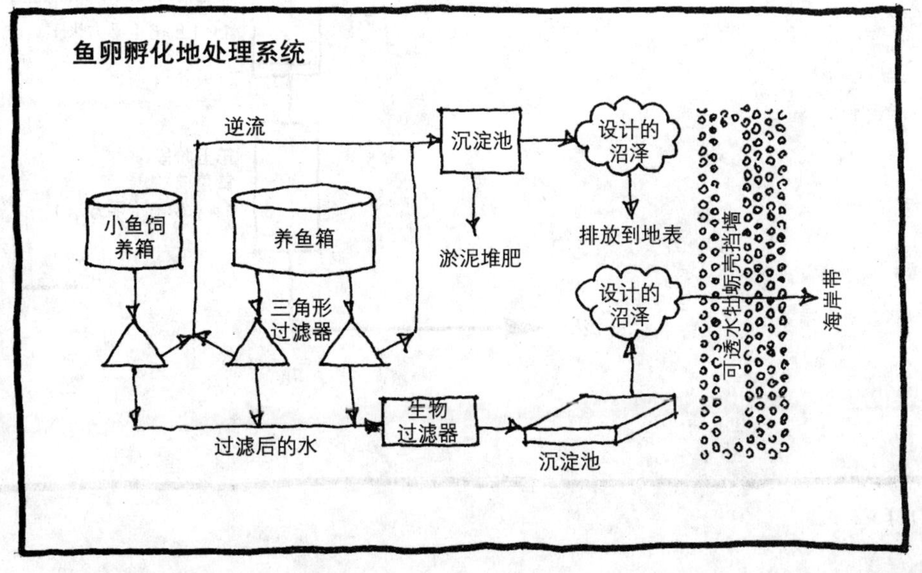
鱼卵孵化地处理系统
逆流
沉淀池
设计的
沼泽
小鱼饲
养箱
养鱼箱
淤泥堆肥
排放到地表
设计的
沼泽
可透水牡蛎壳挡墙
海岸带
三角形
过滤器
生物
过滤器
过滤后的水
沉淀池

图 3–110

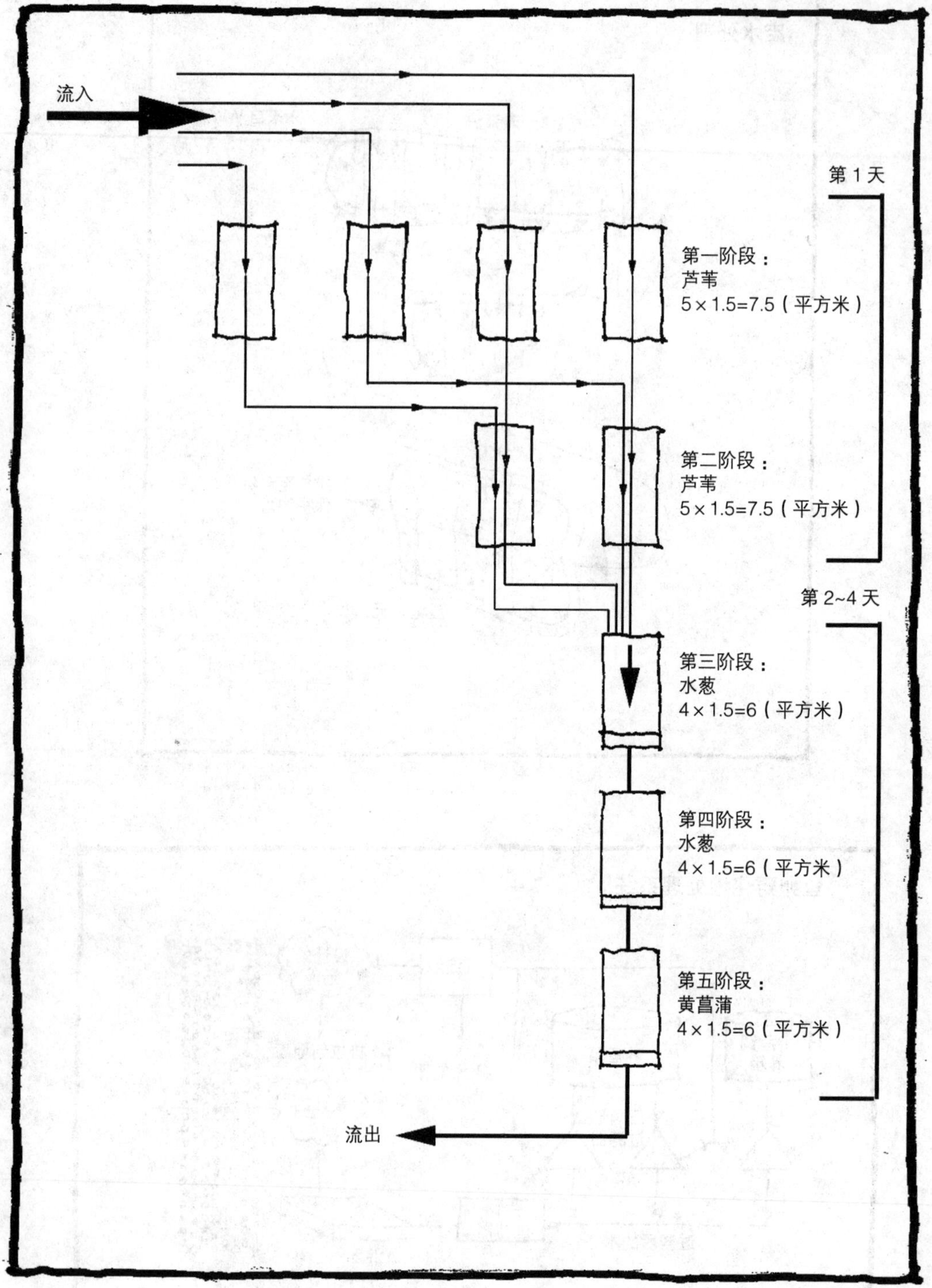

流入

第1天

第一阶段：
芦苇
5×1.5=7.5（平方米）

第二阶段：
芦苇
5×1.5=7.5（平方米）

第2~4天

第三阶段：
水葱
4×1.5=6（平方米）

第四阶段：
水葱
4×1.5=6（平方米）

第五阶段：
黄菖蒲
4×1.5=6（平方米）

流出

图 3-111

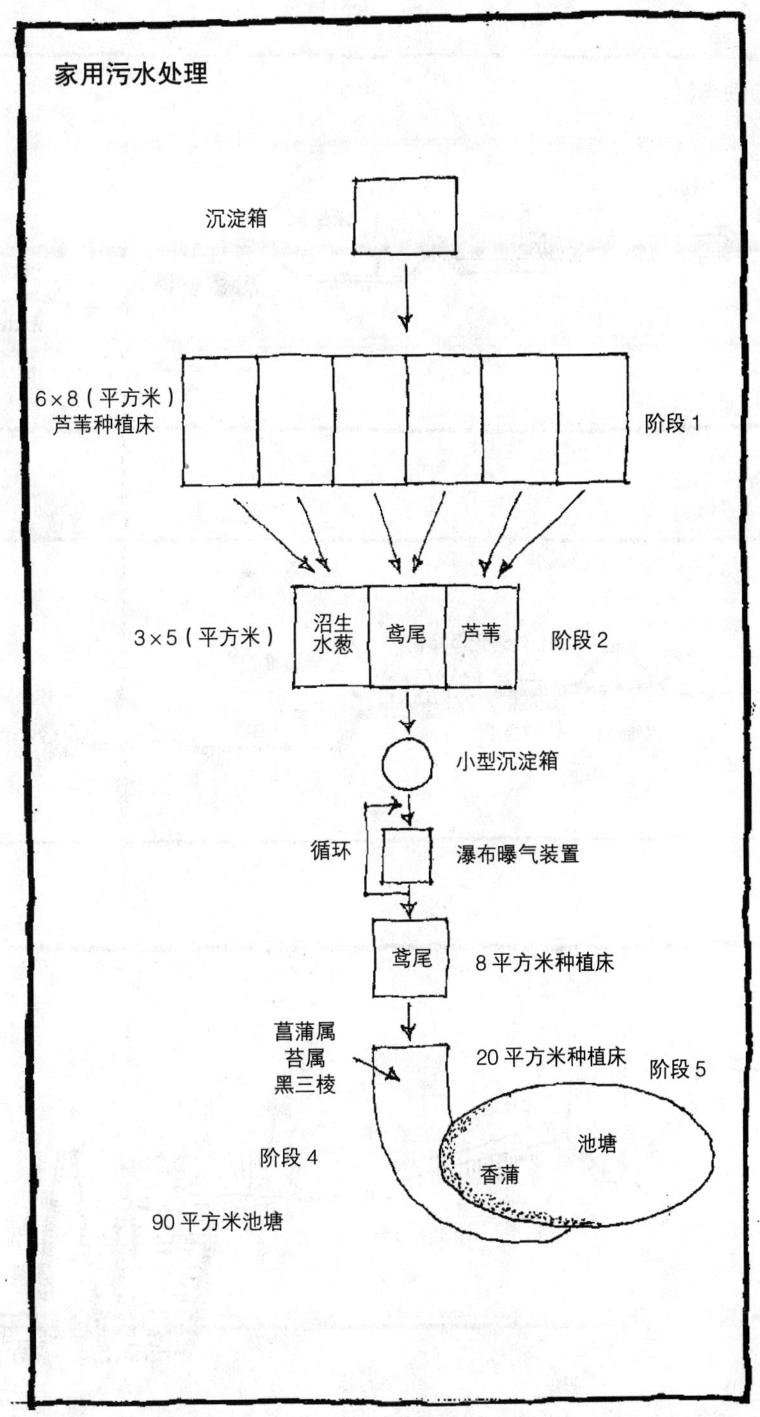
家用污水处理
沉淀箱
6×8（平方米）
芦苇种植床
阶段 1
沼生
水葱
鸢尾
芦苇
3×5（平方米）
阶段 2
小型沉淀箱
循环
瀑布曝气装置
鸢尾
8 平方米种植床
菖蒲属
苔属
黑三棱
20 平方米种植床
阶段 5
池塘
香蒲
阶段 4
90 平方米池塘

图 3–112

5. 断面图

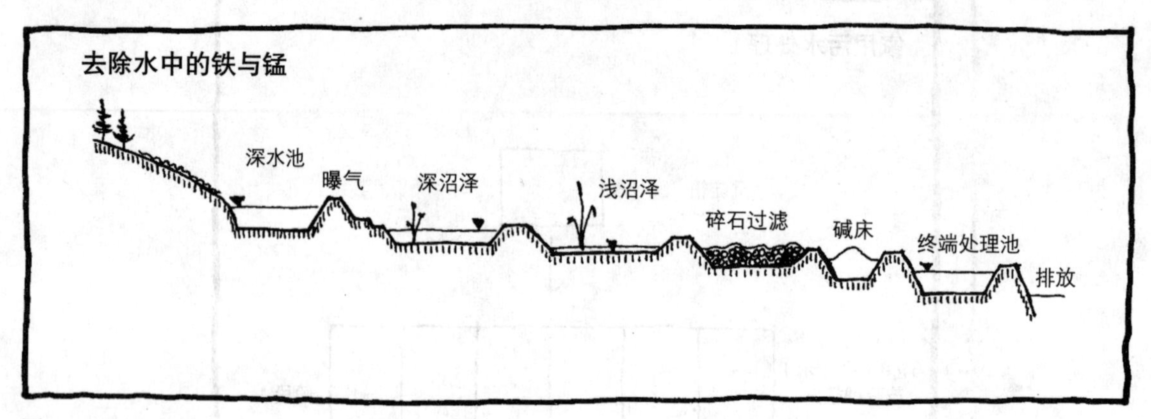

图 3–113

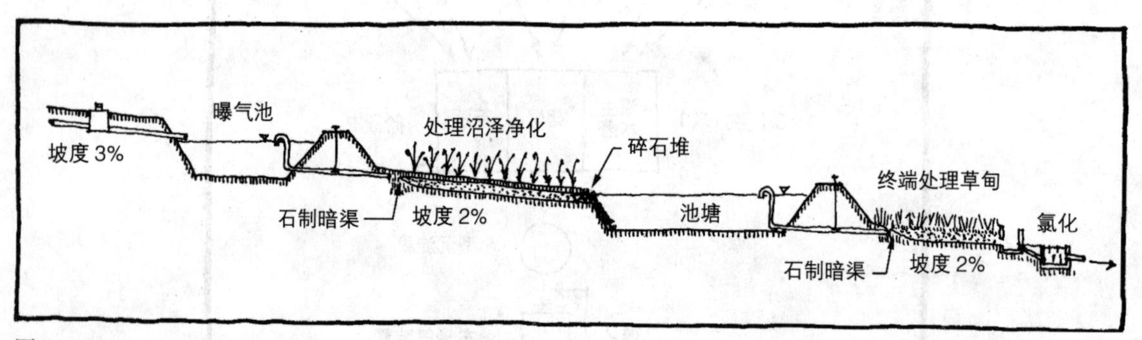

图 3–114

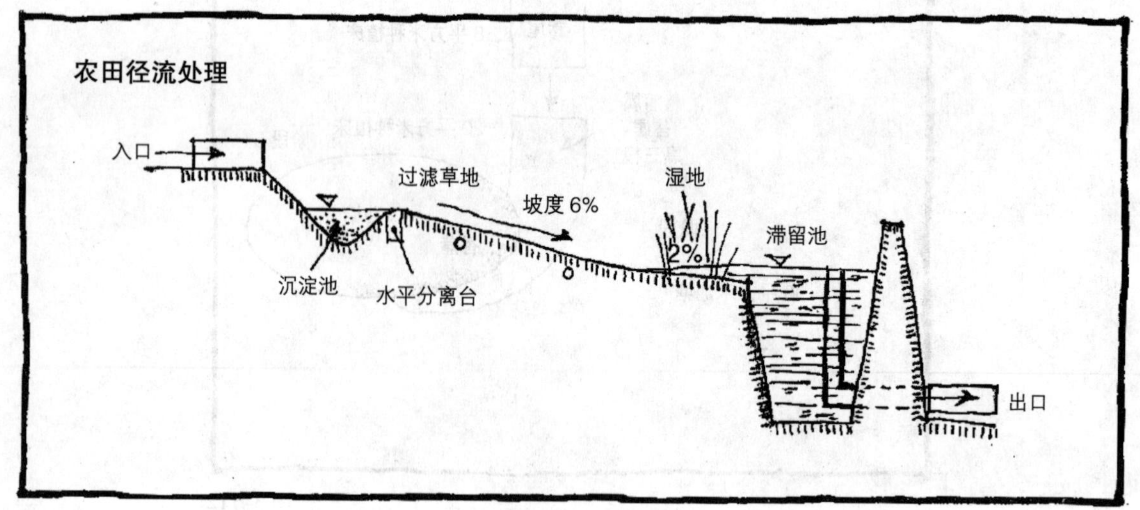

图 3–115

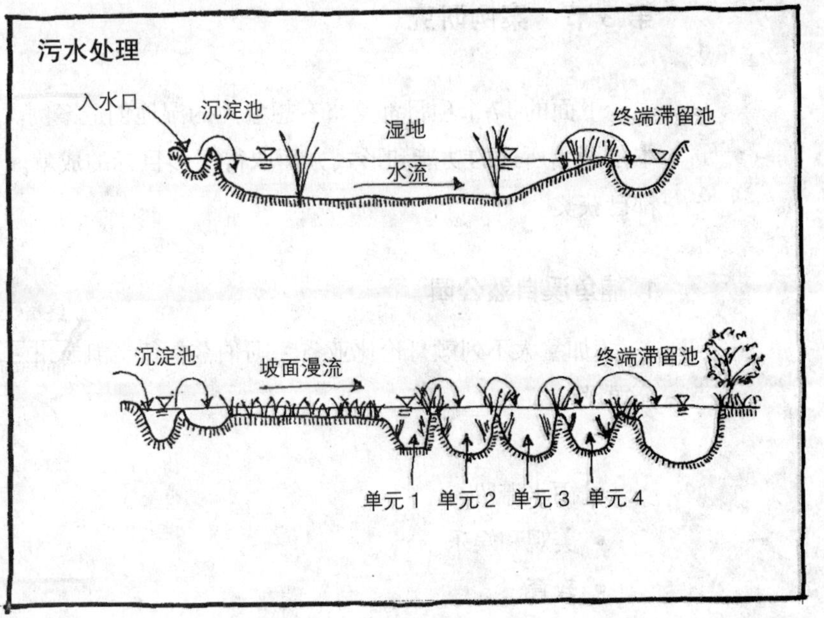

污水处理
入水口
沉淀池
湿地
终端滞留池
水流
沉淀池
坡面漫流
终端滞留池
单元 1
单元 2
单元 3
单元 4

图 3–116

小尺度的污水处理
预处理
净化处理
处理
内壁为
塑料的
水沟
种有芦苇
的碎石堆
化粪池
湿井泵
补充地下水

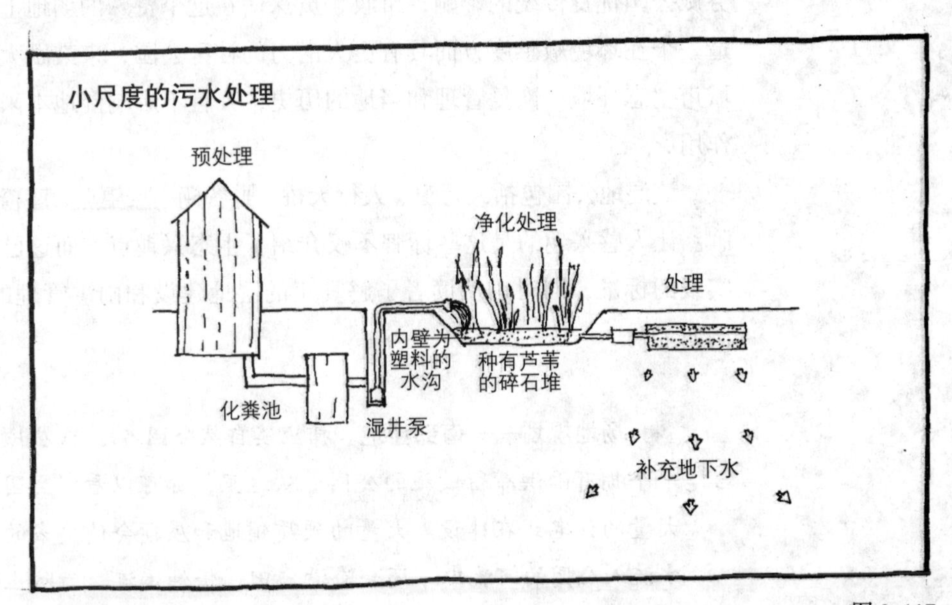

图 3–117

第3节　案例研究

下面的17个项目都是富有想象力的湿地创造案例。每个项目都在本书开始所述的功能和形式方面取得了多目标的成就。其中许多作品都已获奖。

1. 捕鱼溪自然公园

（加拿大不列颠哥伦比亚省，阿伯兹福德，凯瑟琳·贝里斯合伙人公司设计）

- 雨水滞留
- 美观和娱乐
- 教育

这个项目最初的目标只是简单的设计雨水滞留池来保护位于下游易受洪灾的农田，使得这片郊区能得以发展。然而，受奥姆斯特德的芬威公园优良传统的影响，市政官员深信在这个特殊的场地上可以建造一个在环境敏感度方面具有更大潜力的社区公园，来鼓励大家了解城市生态环境，恢复管理和当地的历史，并且不影响湿地本来的水文作用。

该湿地公园包括人行道、人行天桥、野餐棚、瞭望点、座椅和解说牌。让人感兴趣的是这些标牌不仅介绍了生态兴趣点，而这已成为了实践的标准，同时也使读者了解真正的湿地建设和雨洪管理的过程。例如：

场地规划——南部洼地。捕鱼溪自然公园占地23公顷，它是一个拥有雨洪滞留设施的公园。从这里，你可以看到公园周围有大量的住宅正在建设。大量的硬质铺地和屋顶会使更多的地表雨水流入公园的河流中；还会淹没农田、侵蚀溪流。为防止这种情况的发生，在这里建造了大型滞留洼地区。这些洼地在大雨时收集的雨水，在雨停后慢慢流回小溪。

这座公园的主要目的之一是保护和恢复鱼类和野生生物的

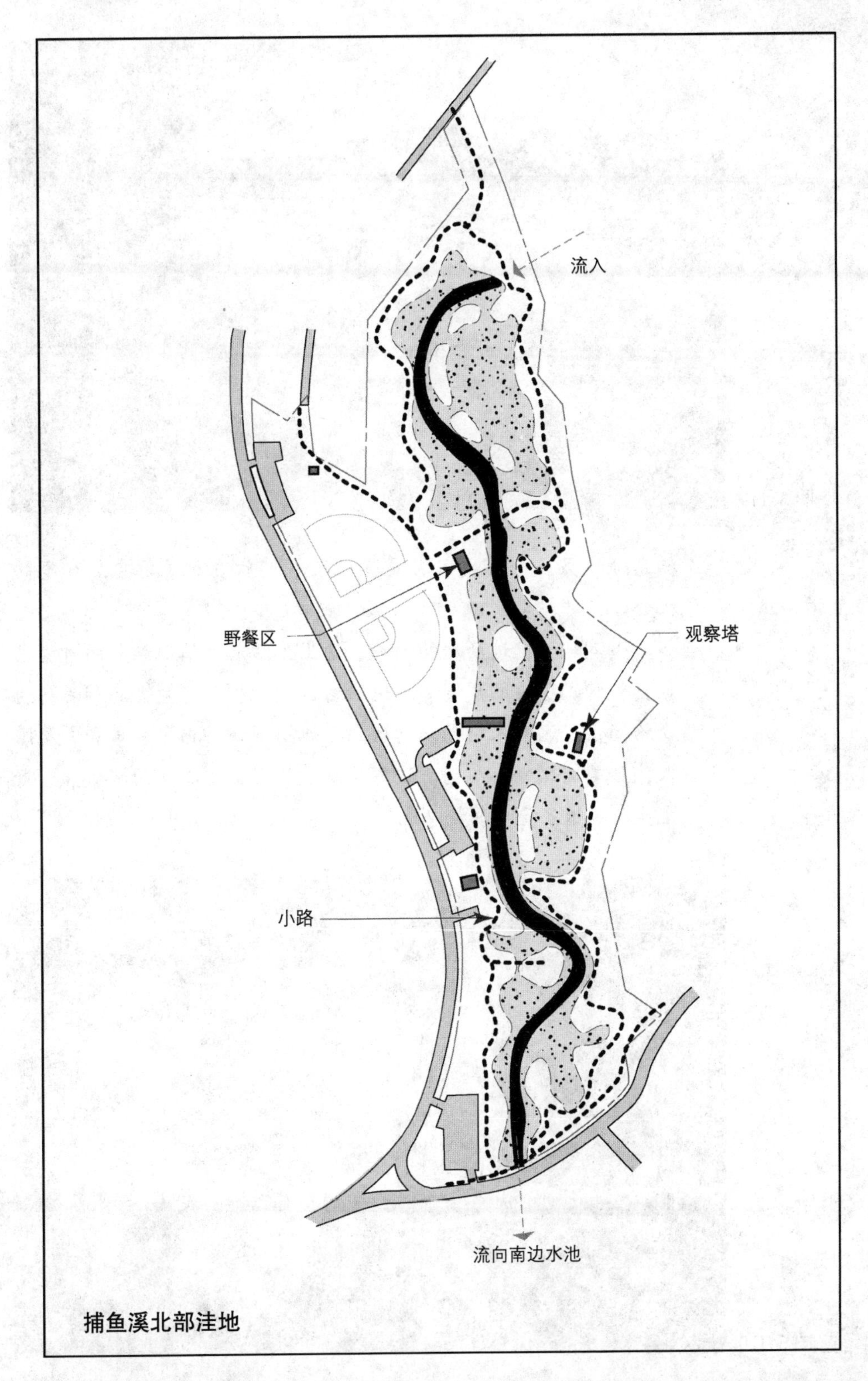

图 3-118

图 3-119

栖息地。另一个重要目标是提供给人们欣赏和了解自然环境的机会。

小溪蜿蜒流过场地的中央。这里生活着克拉氏鲑和两种濒危鱼类物种。小溪的周围和湿地滞留区域种植了香蒲。岛和半岛为动物提供了远离人群的栖息地。湿地周围还种植了乔木和大型灌木，如美国黑杨和柳树。这样就给鱼类提供了凉爽的水域并为野生生物创造了重要的栖息地。

图 3-120

为了给水体提供空间，原有的湿地和混交林有一大部分被清理掉了。所以你所看到的大部分地方是后来种植的乡土树。在南部洼地，共种植约 700 株乔木、15000 株灌木和地被植物、3000 株河岸荆和 36000 株香蒲。这开启了重建野生生物栖息地和维持昆虫、鸟类、鱼类及哺乳动物的食物链的进程。

在离水较远的地方，你会看到大量的野玫瑰、浆果和其他的灌木丛。你还会注意到公园内修剪的草地。这些区域是为多种鸟类和动物提供了食物的草甸。一些场地原有的森林不被干扰地保留了下来。在其他区域，大量种植花旗松、北美香柏、赤杨和大叶槭是为了重建森林栖息地，这对生活在公园里的野生生物至关重要。

这个图表现了公园的布局。捕鱼溪蜿蜒着流过场地中心，它宽 11 米，中心深度为 2 米。溪流周边较低水位的地方成为湿地，种植香蒲。

在暴雨来临时，水位能上涨 1.5 米，一直到湿地周围的河岸边。这些河岸种植了柳树和山茱萸。

岛和半岛分布在溪流的南部两岸，为溪流提供了荫凉。在地势更高的地方分布着森林、公园和草地，西侧有一条主路和服务通道，在东侧还有一条砾石路。

今天，在建成仅仅 6 年之后，下游的洪水消退了，濒危物种的数量也增加了。午餐时间，附近办公楼里的人会出来慢跑，一边向手推车里的孩子打招呼，一边向最高的瞭望塔奔去。按照当地已有的仪式，他们拾级而上，并在解说牌旁边系上历史铁路的标签。

参考资料

ASLA. "Back to Nature: Design Merit Award." *Landscape Architecture* 9/97 (1997): 61–62.

Berris, C. "Fishtrap Creek Nature Park." In *Handbook for Water Sensitive Planning and Design*, edited by R. France. Boca Raton, FL: CRC/Lewis Publishers, in press 2002.

Mooney, P. "Revisiting Fishtrap Creek." *Landscape Architecture* 9/01 (2001): 66–69.

2. 朗埃克商业园

［美国华盛顿州，伦顿（Renton），彼得·沃克、威廉·约翰逊与合伙人事务所设计］

- 建立场地个性
- 美学和慰藉
- 湿地恢复和历史保护
- 雨水污染处理

这里有一条废弃的机场跑道被选定改造为商业办公园。现在的住宅场地曾经是古河道的一部分，在20世纪初，这条河流经一片间歇性洪泛的森林。

这个项目有三个主要的设计目标，恢复退化的景观；保护周边开发地区的新景观，防止进一步的森林采伐；敏感地将新办公楼纳入景观之中，同时为员工提供可通达路径。项目总体目标是建立一个中心湿地公园，关注水的流动性，并以此作为园区的特征。其次，设计一系列池塘、溪流、湿草甸，作为雨水径流的自然过滤系统。

严谨的场地分析过程包括对雨水水流模式、土壤类型和湿地特有的植物构成绘制图表，并进行详细的水质监测。从而确定旧跑道内的农田原来是从古老的牛轭湖演变来的湿地。因此，主要的设计目标是在原来碎片的基础上创建一个新的湿地系统，以重建附近沼泽原有的水流方式，使其穿过办公园区，流向邻近的河流。对5个设计方案都进行了认真审阅，主要涉及对交通流线的影响、雨水的质量和数量、防洪、土方工程、公用设施、符合湿地法规。

该设计使自然界中蜿蜒的水流与运用几何轴线斜排种植的人工林形成鲜明的对比，这些树木形成了远处雷尼尔山的框景。

耸立的乡土树代表曾经出现在该场地的低洼林地。其他建造元素，如沿河道的设施和道路材料，均采用了天然材料。

在办公室和湿地之间用宽阔的碎石路连接，次级的交通系统是树皮覆盖着的道路和平行的、通向树林的木桥，它们把湿地与场地的高处联系起来。因为办公室职员渴望能找到滨水空间或森林深处，从而

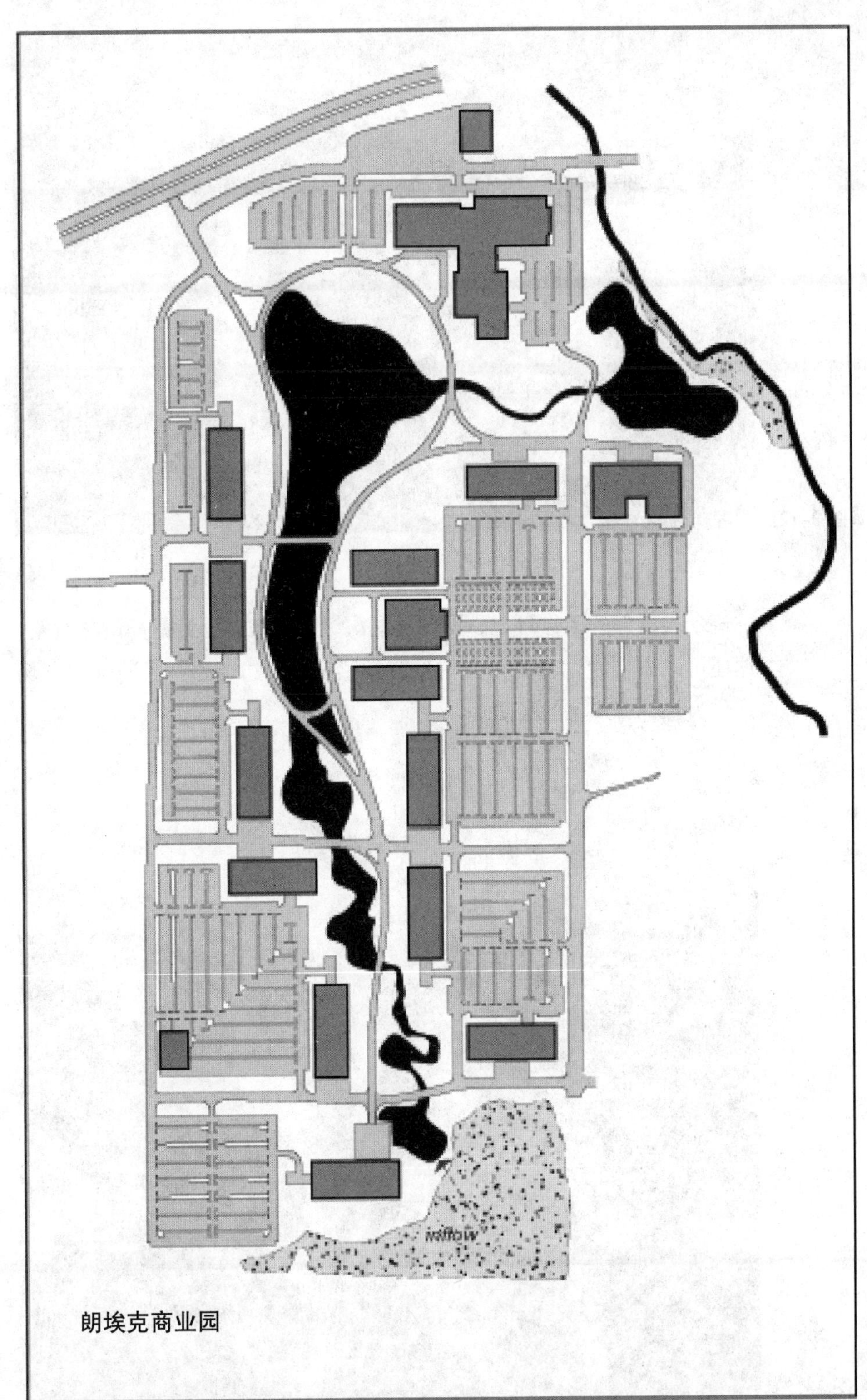

图 3-121

图 3-122

逃避令人压抑的工作环境，所以这些次级路都被设计为僻静的尽端路。这还可以限制游客进入公园的生态敏感区。路边的原木长椅唤回了场地作为森林管理区的历史。

图 3-123

参考资料

ASLA. "Corporate Trailblazer: Design Honor Award." *Landscape Architecture* 9/97 (1997): 55–56.

Lee, L.C., and Associates. *An Analysis of the Distribution and Jurisdictional Status of Waters of the United States, Including Wetlands, at Longacres Park, Renton, Washington: Final Report.* Seattle, WA: The Boeing Company, 1991.

Sverdrup Corporation and Peter Walker William Johnson and Partners. *Longacres Office Park Initial Site Development Design Report and Construction Cost Estimate.* Seattle, WA: Boeing Support Services, 1993.

3. 克拉克县湿地公园

（美国内华达州，拉斯韦加斯，设计工作室设计）

- 娱乐和旅游
- 培养社区荣誉感
- 教育
- 湿地恢复

从拉斯韦加斯排放的雨水径流和废水将一个位于这座城市和米德湖之间的 6 英里（10 公里）的荒漠变成了一个 2000 英亩（809 公顷）的湿地。然而，持续的城市化发展已经使这个系统在某些方面严重退化。更多河道的侵蚀使得河床降低多达 18 英尺（6 米），从而水流不再经过长满植物的湿地，减少了水流经过的时间，从 1980 年的 18 个小时减少到 1985 年的不到 6 个小时。这导致米德湖的水质下降。此外，土壤含沙量的增加使河岸几种入侵物种的生长更占优势，导致栖息地的多样性和野生生物的丰富度下降。最终，这里变成了一个被忽视的地方，而仅仅作为垃圾倾倒场和越野车交通场地。

这个湿地再生项目主要的五个目标如下：

（1）根据公众的需要发展休闲娱乐和旅游，与湿地的保护和恢复相一致；（2）通过为该区居民提供更多的机会来让他们获得对这个公园的自豪感和拥有感，增加该河谷的社会效益；（3）通过多种媒介传达湿地保护的重要性和意义，创造公众接受教育的

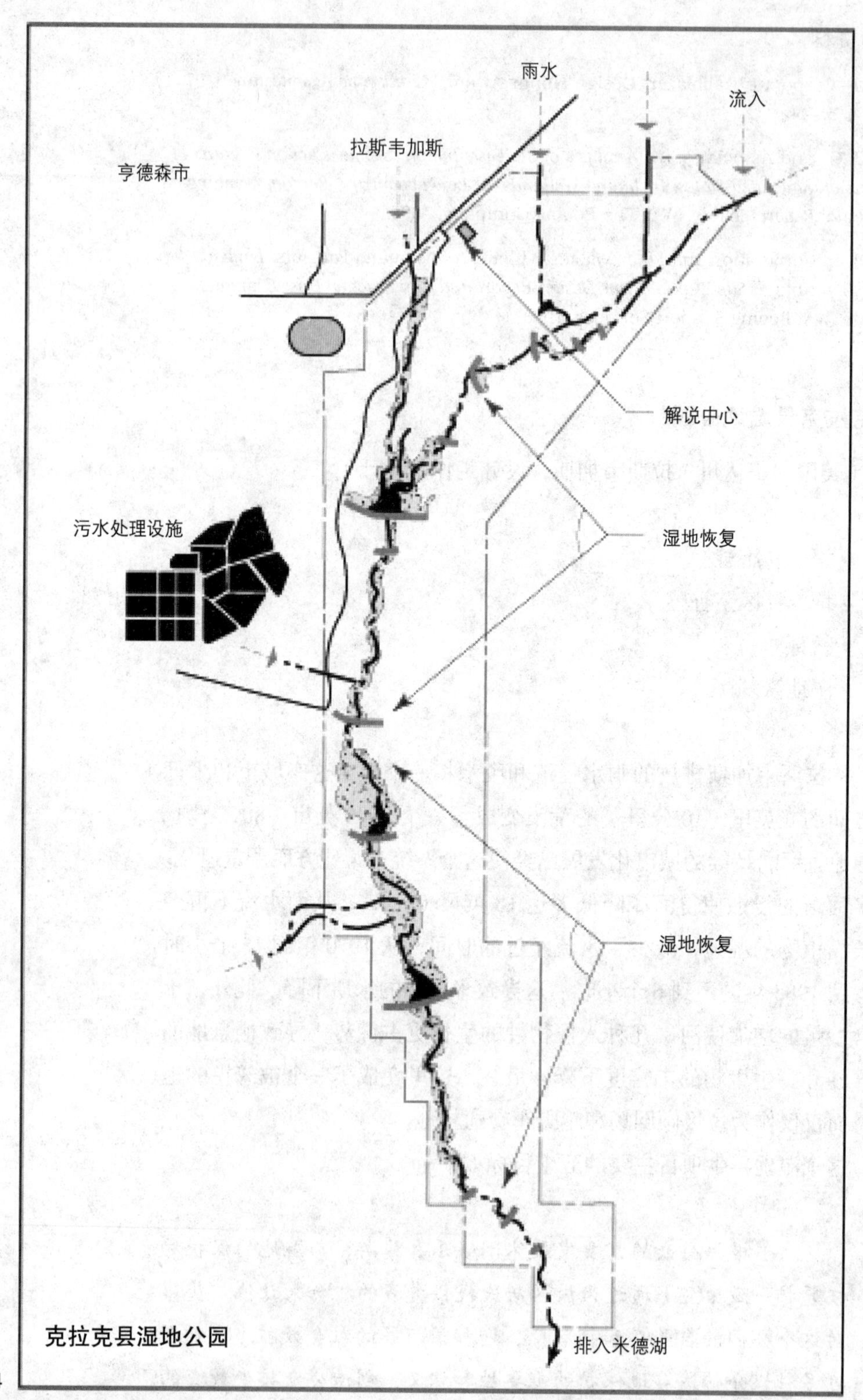

图 3-124

图 3–125

机会；（4）通过保护和增加拉斯韦加斯湿地的生态资源来保护和恢复其自然资源；（5）制定总体规划来指导公园的娱乐设施和基础设施的设计与发展。

基于地理信息系统的清单，包含生物资源（珍稀物种和濒危物种）、土壤侵蚀程度、历史遗址和可视化设施。这个清单有助于划定6个区

图 3–126

域，以便决定各类活动所需的最佳位置。以这种方式对三类活动进行审视：解说和教育（道路、标志、观察窗、平台和高塔），主动型娱乐项目（骑马、慢跑和骑自行车），被动型娱项目（观鸟和徒步旅行）。

这个由大财团支持、公众积极参与的项目推出了四种可替代性方案，其焦点各有不同：保护（主要为了保护和改善野生生物栖息地）、娱乐（重在给所有有不同能力的人们提供娱乐的机会）、全面发展（公园是兼具重要环境意义和娱乐意义的资源，为广大游客提供了较多设施），整合，这也是最后选定的方案（将各种可行性加以组合）。

最终的总体规划要求创造一个“具有永恒精神，体现独特景观特点”的公园。规划提出不仅要通过湿地营造和河岸植被恢复来解决水土流失、河流疏导和野生生物栖息地恢复的问题，更要注重美学效果，特别是在游客中心、入口处停车区、道路、野餐设施、解说亭和游步道网络的位置和设计。

为了确保这个项目的成功，需要制定详细的分步实施指导书，以确保规划的执行。它包括分期实施、资金保障、建设允许和环境评估。最后，还需要制定建成后的公园应该如何管理的详细守则，这要涉及以下三个不同却又相互关联的领域：娱乐活动及游客组织、控制侵蚀、资源政策。在任何情况下，有关运营的考虑，如补救维护和不断的对设计重新评估，都要进行细化以确保适应性的管理所需。

参考资料

ASLA. "Betting on a Wetland: Planning and Urban Design Merit Award." *Landscape Architecture* (1997): 68–69.

France, R. "(Stormwater) Leaving Las Vegas." *Landscape Architecture* 8/01 (2001): 38–42.

France, R. "Las Vegas Wash to Clark County Wetlands Park (Las Vegas)." In *Reclaimed! Recovery Processes and Design Practices for Post-Industrial Landscapes*, edited by R. France and N. Kirkwood. In prep., 2002.

Southwest Wetlands Consortium. *Clark County Wetlands Park: Master Plan.* Las Vegas, NV: Clark County Parks and Recreation and Comprehensive Planning, 1995.

Southwest Wetlands Consortium. *Clark County Wetlands Park: Planning Process.* Las Vegas, NV: Clark County Parks and Recreation and Comprehensive Planning, 1995.

4. 翡翠广场购物中心

（美国马萨诸塞州，北阿特尔伯勒，ENSR 公司设计）

- 雨水滞留
- 水质保护
- 娱乐

1983 年，有开发商提出在马萨诸塞州的阿特尔伯勒建造一个 70 万平方英尺（6.5 万平方米）的购物中心，为此需要填埋 32 英亩（13 公顷）的湿地，而这需要在马萨诸塞州得到批准。作为交换条件，开发商提出在附近的砂石坑建造一个 36 英亩（14 公顷）的湿地。但是开发商的建议遭到美国环境署的质疑，认为填埋湿地不是“不可避免的”，因为有些地势高的场地还没有得到充分的开发。此事在法院打了两年的官司，并引起全国的重视，最后开发商还是放弃了该计划。

1986 年，在地方政府、州政府和联邦机构的严密监督下，另外一家公司在此附近建成一座 90 万平方英尺（8.4 万平方米）的商场。之所以要严格监督是由于该购物中心坐落在一个当地饮用水水库旁。众所周知，购物中心的停车场所带来的雨水径流含有高浓度的悬浮固体、营养成分、微量金属、油脂和融雪剂。

这个项目设计必须符合三个基本标准：保护附近河流的水质达到国家饮用水标准的水平；维持现有此流域的水流量；以及控制雨水径流的最大峰值和下游的洪涝灾害。为了实现这些目标，需构建一个复杂的缓解网络。它包括蓄水池、人工湿地和油脂采集池；此外，还要有其他非结构性的管理活动。

购物中心停车场横跨在两个独立的河湾上。从较低的河湾里流出来的水直接进入两个位于购物中心场地上的蓄水池，然后再流入道路下的天然湿地水道。水流从这里进入三个新的人工湿地，最后到达与河流相连的大型林木沼泽。由于空间的限制，从上游流域来的水径直进入位于相邻土地的滞洪区。在这里，水流通过三个人工湿地（总面积 1 英亩）的处理，然后再从购物中心的停车场下面流入一个现有的小池塘，并消失在一个树木繁茂的沼泽中，最后汇入河流里。

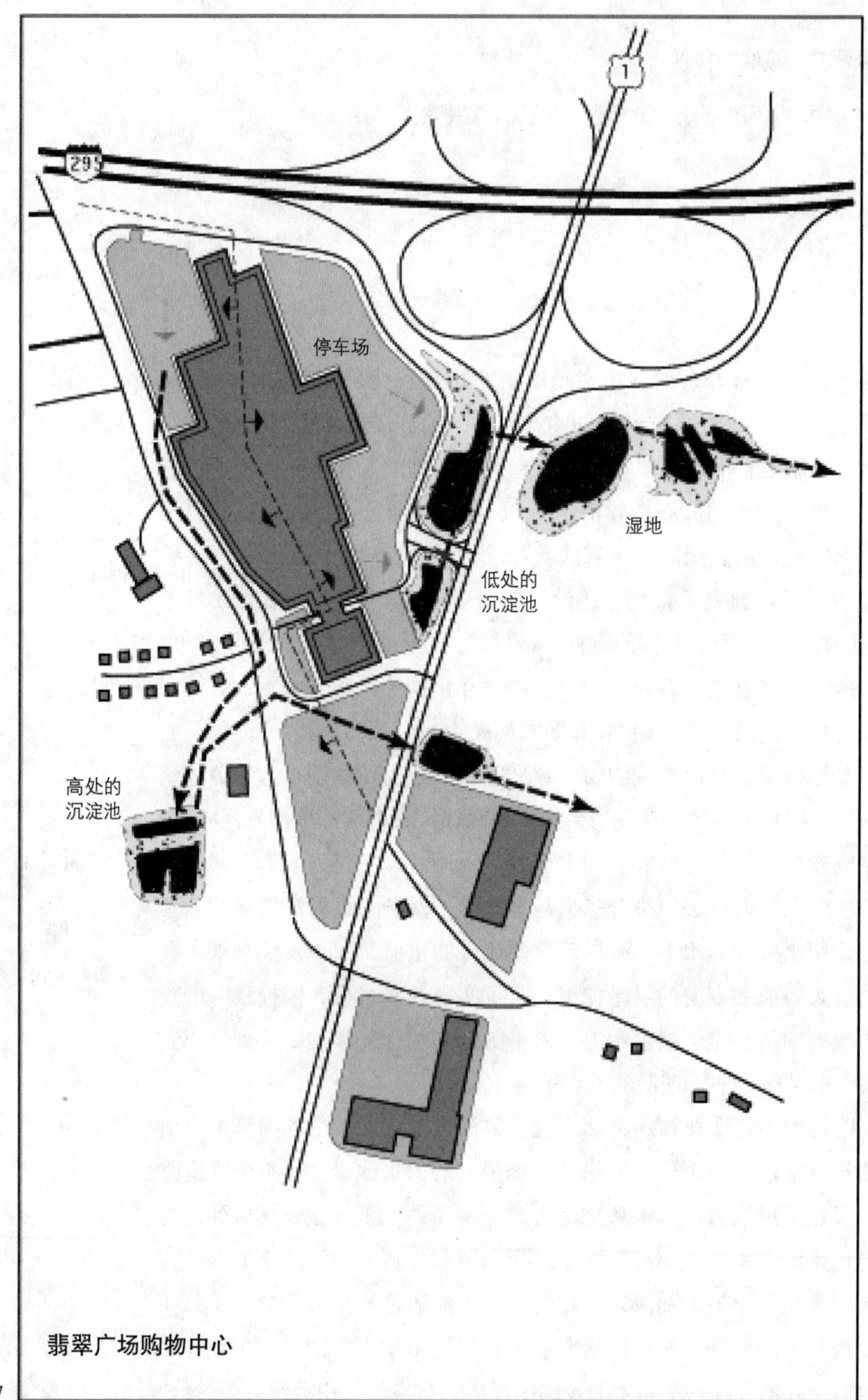

图 3-127

图 3-128

人工湿地在处理停车场径流前，最初设计为含有有机质土壤的浅沼泽。其边缘种有灌木，目的是吸引野生生物。这些人工湿地已经运行了一年多，后来又增添了木闸板以调节水位。这里种植的植物有香蒲、慈姑、芦苇和常年覆盖的草芦。灌木有山茱萸、荚蓬植物、冬青、伞房花越橘、美洲山柳和柳树。

所有的蓄水池（其大小为各自的集水区面积的 1%）的设计被用来减缓百年一遇的洪水，解决 24 小时内的特殊事件，以及为一般事件提供平均 1~3 周的滞留时间。作为上层设施，护堤可以作为一个补充的

图 3-129

安全措施，以容纳溢流到相邻区域的水，该区域在干旱期可以为游客提供娱乐活动。

由于这个项目对环境的极度敏感性，完工后的强化监测仍在进行中，以确保除污效率不会下降到目前水平的50%~90%以下。

参考资料

Daukas, P., D. Lowry and W. W. Walker. "Design of Wet Detention Basins and Constructed Wetlands for Treatment of Stormwater Runoff from a Regional Shopping Mall in Massachusetts." In *Constructed Wetlands for Wastewater Treatment.*, edited by D.A. Hamer. Boca Raton, FL: Lewis Publishers, 1994. 684–94.

Salvesen, D. "Shoot-out at Sweedens Swamp: the Attleboro Mall case." In *Wetlands: Mitigating and Regulating Development Impacts,* edited by D. Salvesen. Washington, DC: The Urban Land Institute, 1991. 32–33.

5. 德文斯城堡

［美国马萨诸塞州，艾尔（Ayer），卡罗·约翰逊合伙人公司与生物工程集团设计］

- 河流和野生生物栖息地的恢复
- 水质改善
- 雨水收集
- 美学

对于一个建在废弃军事基地的中等安全级别的监狱来说，最经济有效的布置设施的方法就是迁移一条已被破坏的溪流。本设计并非简单地让河流变成传统的工程渠道，而是建立一个多功能河道与水池的复合体；将美学、自然栖息地和雨水管理整合到一起。考虑到地形、安全因素，以及与国家野生生物保护区临近等条件对于基地的限制，沿着迁移的溪流建立起了三个水池为一组的体系。这个设计展示了如何利用生物工程技术来防治侵蚀和管理水质。

由附近的不透水地面过来的雨水进入第一个水池中，沉淀了大部分的泥沙。便捷的交通利于疏浚工程的进行。第二个水池是为改善水质而大量种植的湿地，这种自然材料的阻隔有助于引导水流和优化水

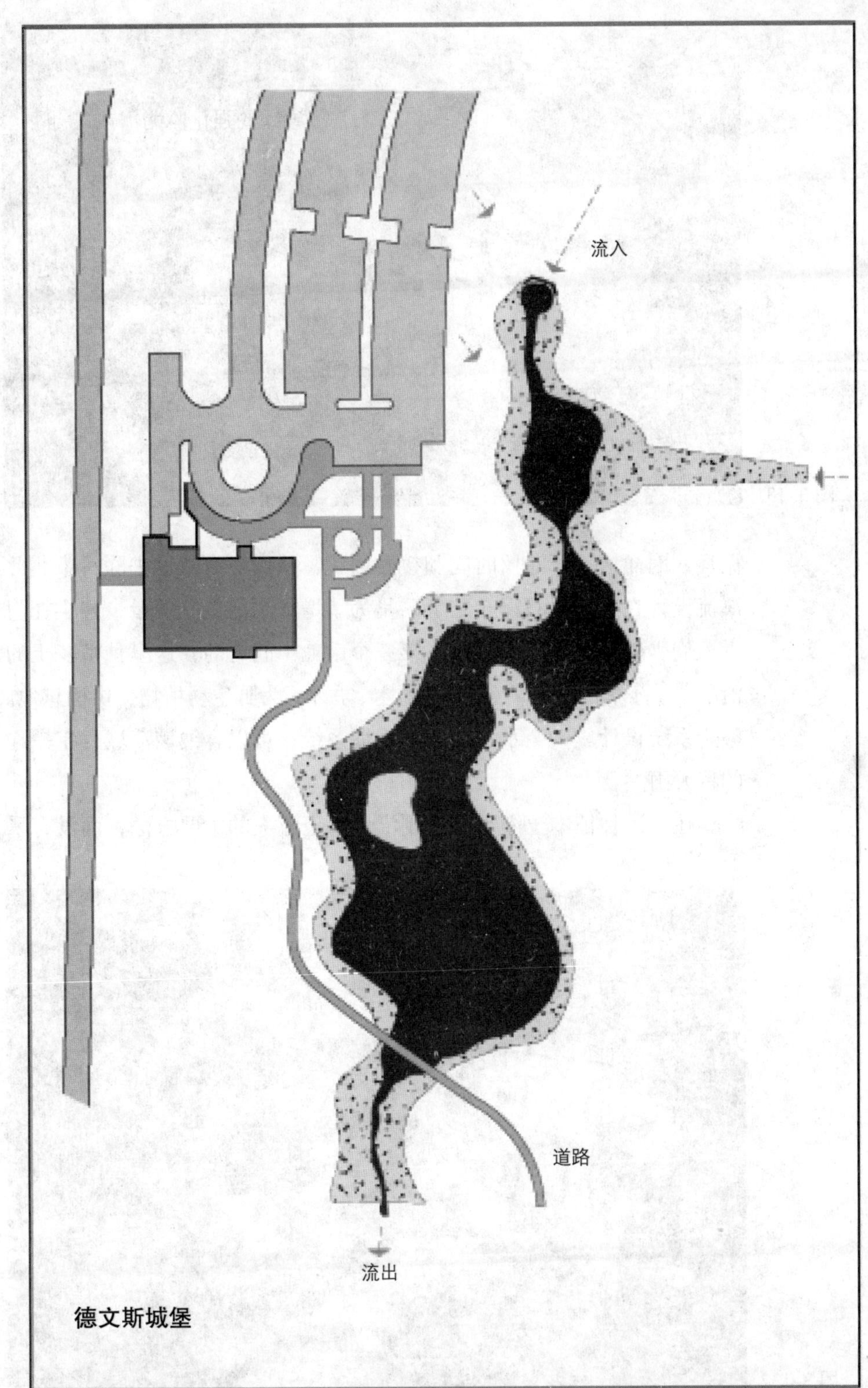

图 3-130

图 3–131

循环，因而增加了滞留时间和接触面积，从而更有效地去除污染。此溪流设计在人工岩石瀑布之上，是为了增加水的氧气含量，并烘托附近人们坐着远眺时的场景感。第三个水池中间有岛，这里种植乡土的沿阶草、莎草、灯芯草、野花、灌木、乔木，为野生动植物提供栖息地。整个系统设计成一个水文调节的坝堰系统，可以容纳该流域百年一遇的特大雨洪。

在水边种植本土灌木是控制沿岸水土流失的主要方法，而没有采

图 3–132

用常规的乱石做法。生物工程另外的好处就是在视线上对堤坝进行遮挡，从而在完美结合土方工程和周围景观的同时，也作为一个野生生物栖息地而存在。

要严格管理工作顺序，以优化控制侵蚀的有效性。当场地的其他部分在施工时，新建的水池就可作为临时收集沉积物的装置，当这些水池被填满的时候，经生物工程改造的岸线就可以种上植被。

参考资料

Goldsmith, W. "Bioengineering for Enhanced Stormwater Management." *Land and Water* 10 (1997): 28–31.

Thompson, J.W. "Stormwater Unchained." *Landscape Architecture* 8 (99) (1999): 44–51.

6. 阿克塔污水处理沼泽设施和野生生物保护区

（美国加利福尼亚州，阿克塔）

- 改善污水处理
- 野生生物栖息地
- 生态恢复

1977 年，遵照新的将污水排放到封闭的海湾和河口的法律规定，阿克塔市提出建设一个污水处理系统，将现有主要的沉降设施与新建湿地相结合。这些新湿地是在之前氧化池的基础上而建，整个场地其实就是退化了的城市滨水区。

人们曾做过一个详细的先行试验，在三年的时间里检测了 12 个实验单元去除场地污染物的能力。样品的组成有标准的化学和悬浮沉积物，另外还有追踪和消毒功能的研究。有利的结果显示，有几个氧化池已经变成了污水处理湿地。

在运行过程中，污水从剩下的两个氧化池流进新建的中级处理沼泽，在泵站进行氯化和脱氯的处理，最后流经一系列作为野生生物保护区的人工湿地，31 英亩（12 公顷）的野生生物保护湿地处理过的污水，将重新流回泵站，经再次处理后排入海湾。

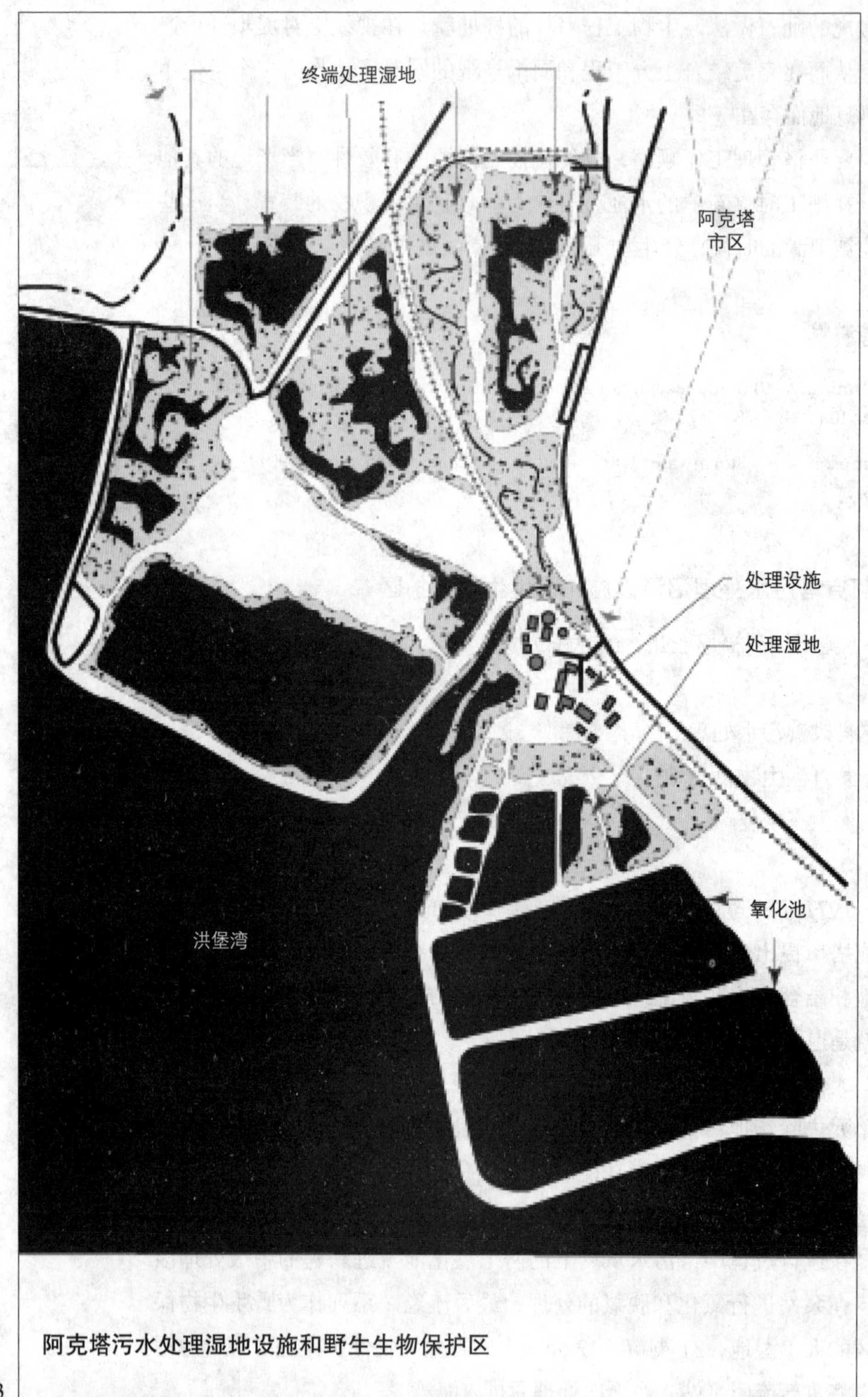

图 3-133

图 3-134

中间沼泽系统占地 40 英亩（16 公顷），其主要目的是在进行氯化和脱氯之前去除悬浮固体物质。这个沼泽系统长 45 英尺（14 米），以每两个单元中的一个的完整长度为单位，延伸并涵盖了整个开敞水域。设计这些开放型空间是为了给鱼类提供栖息地，反过来，也有控制蚊虫的作用。交错地种植硬茎芦苇，不仅方便了鱼类在开敞水域的游动，还可以捕食蚊虫。

这个项目工程造价约 50 万美元（其中包括规划、环境评估、土地征用），并在去除污染物方面取得了良好、稳步的成效。另外，新的沼泽系

图 3-135

统也是为人们所欣赏的风景，可以用做教育研究，并已成为主要的观鸟区。

参考资料

A Guide to Birding In and Around Arcata. Arcata, CA: City of Arcata, 1995.

Bulger, S. *The Beginners' Guide to Birding at the Arcata Marsh.* Arcata, CA: Friends of the Arcata Marsh, 1996.

Environmental Protection Agency. "A Natural System for Wastewater Reclamation and Resource Enhancement: Arcata, California." In *Constructed Wetlands for Wastewater Treatment and Wildlife Habitat: 17 Case Studies.* Washington, DC: Government Printing Office, 1993. 55–66.

Gearheart, R.A "The Arcata Wetlands and Landfill." In *Brown Fields and Gray Waters: Restoring Post-industrial and Degraded Landscapes*, edited by N. Kirkwood and R. France. In prep., 2002.

MacDonald, L. "Water Pollution Solution: Build a Marsh." *American Forests* 100 (1994): 26–29.

7. 怀特堡中心

（加拿大马尼托巴省，温尼伯，达克斯公司设计）

- 自然教育
- 水禽栖息地的创建
- 棕地复垦

在温尼伯郊区农业用地里，有一个充满活力的野生生物教育中心坐落在再生的采石场上，这里有 200 多英亩（80 多公顷）的湖泊、湿地、森林和草地。这些湖泊，最初是因为挖黏土制造水泥而形成，后来湖里的水逐渐由雨水和融雪形成，深达 30 英尺（10 米），并已开始吸引迁徙的水禽。这几个湖泊改造成多功能的湿地后提高了鸟类生活的丰富性和多样性，也提升了建设自然中心和开展教育计划的动力。

如今，逾 4 英里（6 公里）的步行道联系着场地的水景点。大湖仍然是迁徙水禽的主要集结地，这些水禽还可以充分利用许多小型湿地。这样的小型湿地，是用堤在湖里划出一块而形成的，其上有精心设计的栈桥，可以让游览者近距离地体验湿地。在此附近，有一系列的水禽园展现整个区域内湿地类型的多样性，包括草原洼穴、北方沼

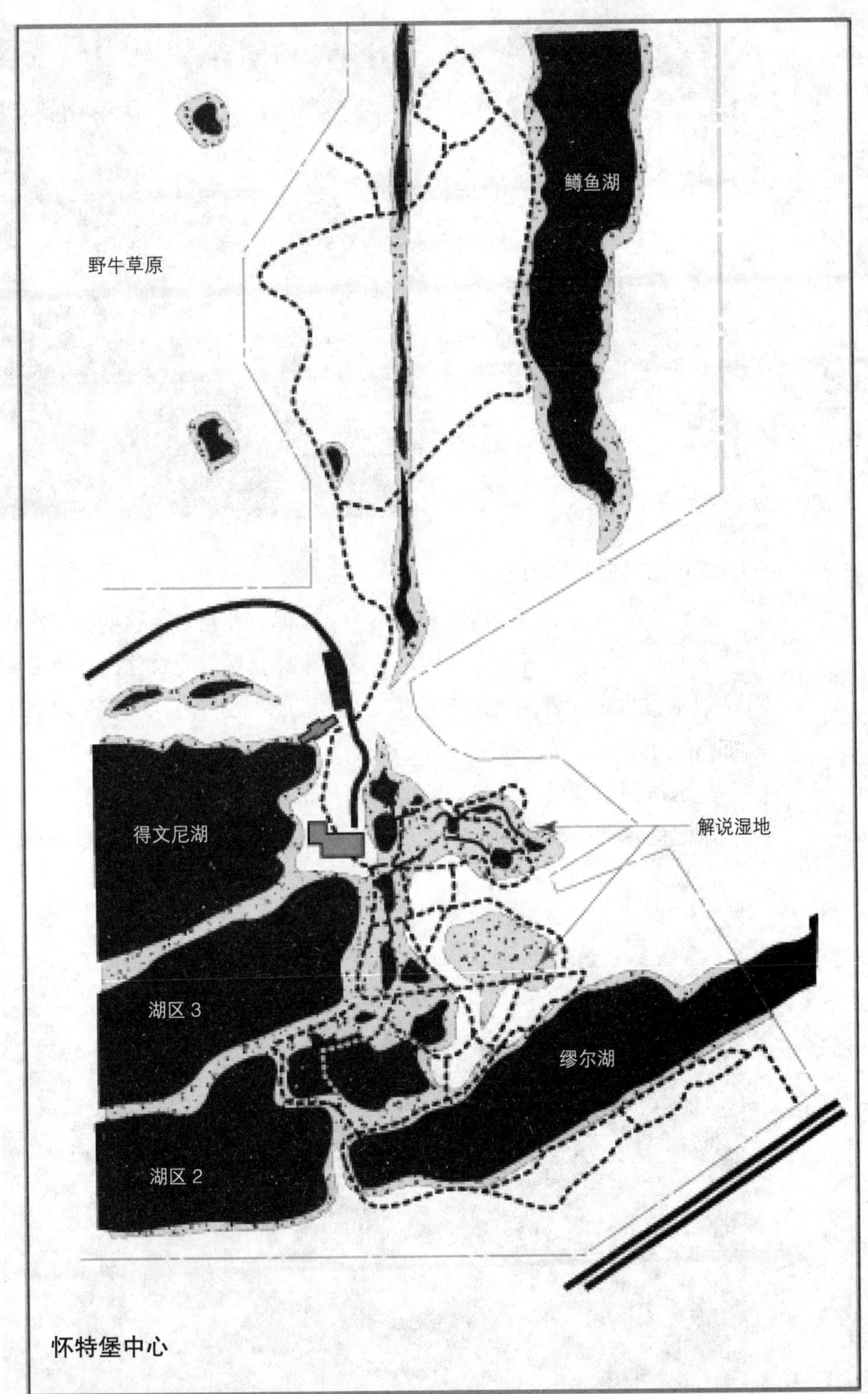

图 3–136

图 3-137

泽和沿海苔原等多种类型。

每年来此的 10 万游客中有 1/3 ~ 1/2 都是儿童。为这些孩子提供服务的有大批志愿者和专业人员。这里多样化的教育关注的焦点是湿地在水禽生态和管理上所起的重要作用。另外还有一些娱乐性活动，如帆船和垂钓运动，都在大湖上进行。

水从湖泊流至人工湿地的过程中，要通过严格的监视系统来控制堤坝之间水的季节性变化。在不久的将来，停车场的径流、厕所和饭

图 3-138

店的灰水在排入湖中之前会先进入人工湿地进行处理。湿地所起到的水质净化作用，将成为与可持续发展相关的教育项目的一大特色。

场地中还有一个农业示范区，可替代的堆肥系统；一个 70 英亩的草原，这是北美最大的城市野牛牧场；还有一个大型解说中心，包括历史景观立体布景、礼品店、室内禽类越冬温室、演讲剧场和展示当地水生生物的水族馆。

目前按计划正在湾中的湖区建设浮动考察站，学生可以在其中进行水质监测和气候研究。最后，我们应把目光转向宏观层面的景观，一个绿色廊道，通过广阔的城市林带，把怀特堡中心和位于城市两条主河之一的河堤上的大公园联系起来。这个廊道也为陆生哺乳动物提供了通向湿地的道路。

参考资料

Caldwell, L. "Wetland Park and Industrial Site in Winnipeg." In *Brown Fields and Gray Waters: Restoring Post-Industrial and Degraded Landscapes.*

Fort Whyte Centre. "Reaching New Horizons." Brochure, 1999.

Scarth, A. "The Wildlife Foundation of Manitoba: Coming of Age." *Branta Newsletter*. 6 (1988): 1–4.

8. 俄勒冈花园

（美国俄勒冈州，希威尔顿，迈耶 / 里德 – 英特弗莱伍公司设计）

- 污水处理
- 为建设野生生物栖息地的投资增加减补的银行信贷积分
- 集合各类花园展示乡土湿地植物
- 再生水资源用于园林养护

该项目巧妙地展示了创新型湿地在营造中如何用多种方法来整合功能。希威尔顿市要完成以下两个目标：首先，需要治理每分钟排放出的 500 加仑（2000 升）的污水；其次，需要补偿因为工业发展而不可避免地损失的 7 英亩（3 公顷）湿地。与此同时，正在规划中的“俄勒冈花园”，是一个世界一流水平的植物多样性的展示平台，将提供研

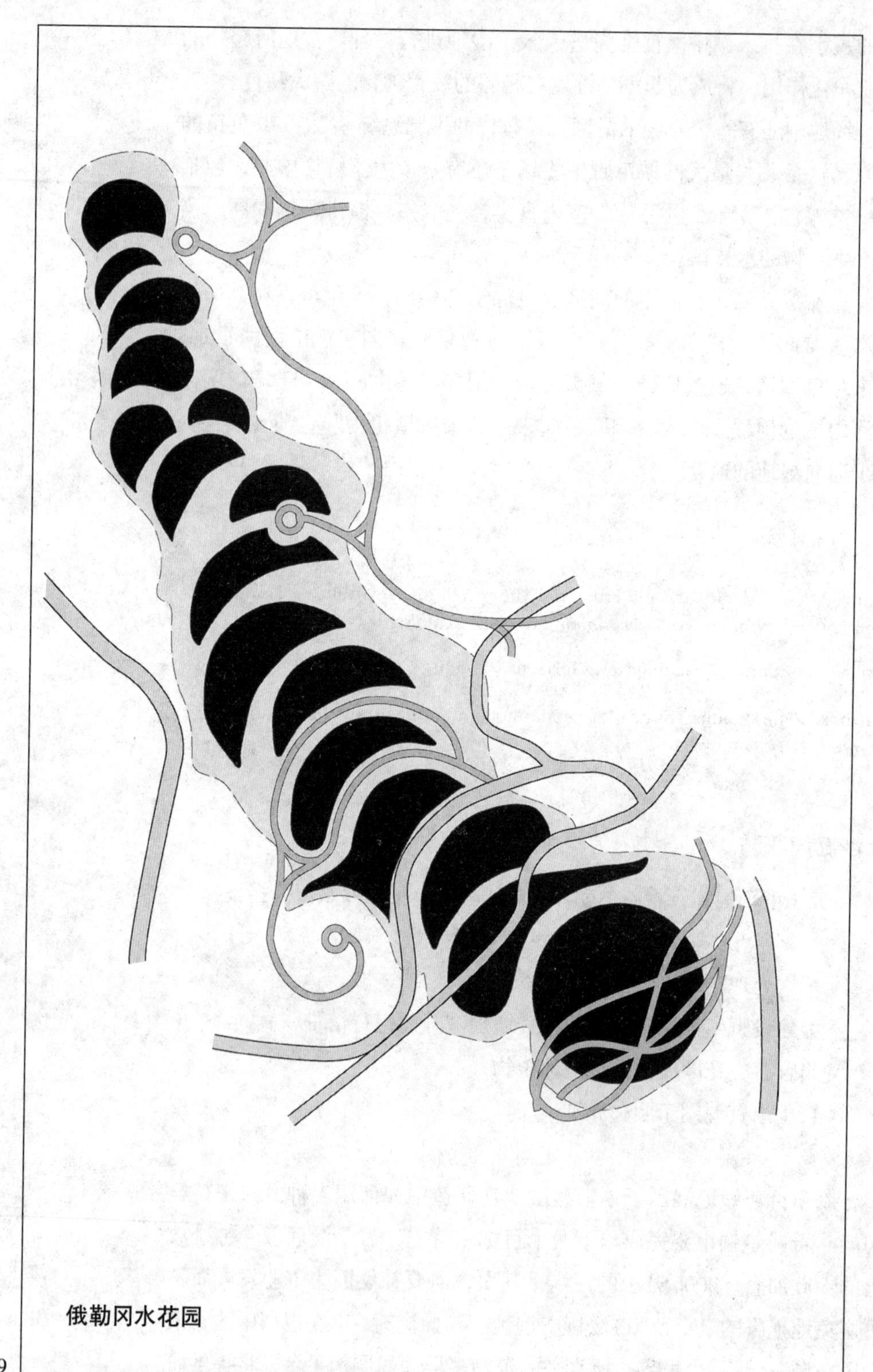

图 3-139

图 3–140

究和教育的机会，以及会议的场所。

这些目标的结果是促成了三个运用生物技术处理污水的终端湿地的形成，为建设野生生物栖息地的投资增加减补的银行信贷积分，以及一个令人惊喜、美观、吸引人的作为新型花园复合体的中心旅游景点的产生。

这个谜一般的水花园，成为占地 240 英亩（96 公顷）的俄勒冈花园的主要特色入口。为了适应地形变化，在基地中建造了 16 个梯田状的细胞形湿地，占地面积达 5 英亩（2 公顷）。这样水在 1000 英尺（300 米）的距离内要下落 37 英尺（11 米）。每年从春季到秋季，城市污水处理厂往这里排放高富营养化污水。这个湿地的设计可承担今后十年内增加一倍排放量的污水处理工作。

迷宫水花园同时也是野生生物的栖息地，充分展示着植物的特性，并提供了大量教育和研究的机会。在上游湿地只建有通向眺望观察台的道路。观察台的材料来自湿地建设中挖掘的材料，限建道路可以最大限度地降低对野生生物的干扰。40 英尺（12 米）宽的缓冲高地林带将野生生物湿地和临近水花园内的活动更好地分隔开来。此外，还有一个拓展项目，其重点是对当地居民和学生进行湿地生态和管理方面的教育。

湿地的底部设计成观赏展示性的池塘，其中睡莲、荷花，及其他形状、大小各异的水生植物形成了质感丰富的景观。步行桥将上游自然湿地台地和下游池塘中精致的湿地园分隔开来。有一个弯曲的路网

图 3–141

穿行在挺水植物和观赏草之间，形成了设计师所设想的“充满趣味和迷惑的真实迷宫”（因此，将此湿地命名为迷宫）。

水随后流入 1.2 英亩（0.5 公顷）的野生生物湿地，这里有本地乔木、灌木和挺水植物，可以作为今后损失置换减补的积分。最后水将流至终端湿地，它设计成一系列的细胞，并运用本地植物，以增加减补积分。这个 10 英亩（4 公顷）的湿地没有做防渗垫层处理，为的是促进渗透和地下水的补给。

为防止进一步的环境破坏，只有在水位足够高时，整个湿地系统的水会排入附近的银溪。而在旱季，湿地排放的水将在场地内循环，以作为园内的灌溉用水。

参考资料

Fields, K.J. "A-mazing Effort: Wetlands, Wildlife and Resource Conservation Flourish in Water Garden." *DJC Magazine* (August 2000): 93–94.

Koonce, G. "Concepts and Technology of the A-mazing Water Garden: A First Phase Project of The Oregon Garden." *Interfleuve Internal Document*, 1998.

Mayer-Reed, C. "Concepts and Technology of the A-mazing Water Garden: A First Phase Project of The Oregon Garden." *Technical Innovations in Landscape Architecture 6* (1998): 1–3.

Underwood, T. "The A-mazing Water Garden." *Land Forum* 06/108 (1999): 35–38.

9. 湿地中心

［英国伦敦，野禽与湿地基金会（WWT）设计］

- 野生生物栖息地恢复
- 湿地生态旅游和保护教育

湿地中心位于威斯敏斯特和伦敦丘园之间，是欧洲令人印象最深刻的生态修复工程之一，这也是全世界首都中面积最大的人工湿地。这个遗产来自彼得·斯科特爵士，他是著名水禽保护者和画家，而现在的湿地中心董事会名人里有自然主义者戴维·阿滕伯勒爵士和威尔士王子查尔斯。

湿地中心规模宏大，占地 100 多英亩，由泰晤士河畔的 4 个废弃的维多利亚水库改造得来。这里有一部分土地卖给开发商建设高档住宅项目，从而获得了建设资金。最终，60 万立方英尺（50 万立方米）的土壤被调运到三十多个改造过的湖、池塘和湿地中。这里有 27 个控制水闸用来调节水流，还有 150 英尺（46 米）的木栈道、27 座桥、2 英里（3 公里）的道路、7 个水禽观察点、2.7 万棵树木和 30 万株水生植物。园内的大型游客中心提供有两级观察塔台、影视厅、教育中心、餐厅、商店和艺术画廊。WWT 设计团队的成员包括水文学家、土木工程师、土壤学家、风景园林师、建筑师和鸟类学家。

水从泰晤士河无潮汐变化的上游位置由泵抽到这里，途经进行精

图 3–142

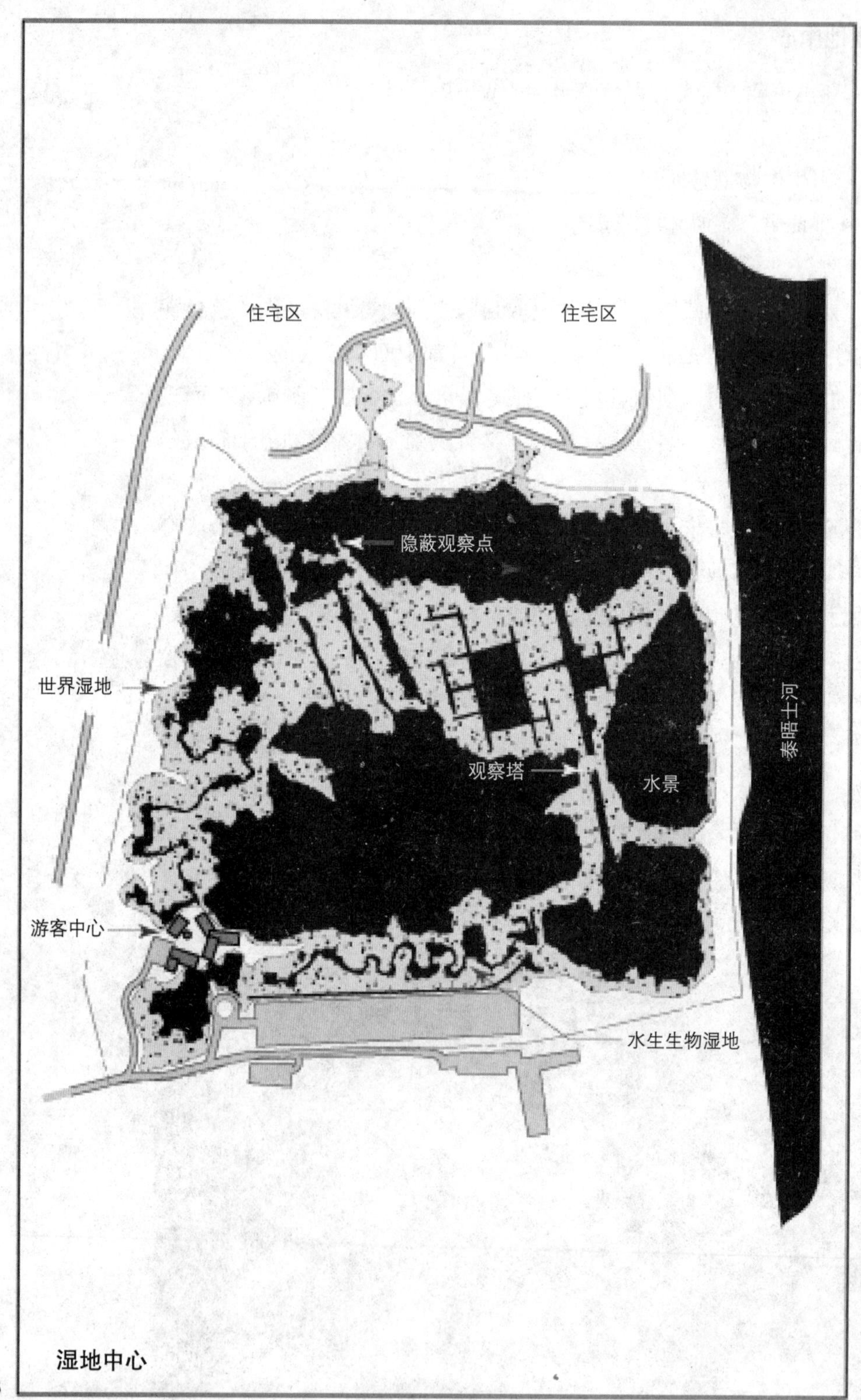

图 3–143

确、独立的水体调节的湿地后，最终排放到河里。由于没有新材料的介入（如土壤）和旧材料的移除（如水库混凝土垫层），人们把更多的注意力放在细致的现场工作上。例如，整个恢复的景观都是通过黏土密封来实现水文隔离的。岛的方向的调整是为了减少水浪的冲击能量，并尽可能地让水禽使用。

场地的主要部分是自然区域，有开敞性浅水湖、湖泊、草原和泥滩，用于水禽的饲养、繁殖和栖息，而另外两个较小的区域则用于户外教学展示。湿地中心的一个功能是作为世界动物园的湿地，在这里有 13 个国际性湿地栖息地（如亚北极寒带湿地和热带湿地等）被重建，来自各个地区的断翅的鸟儿也得以栖息在这里。其他区域则凸显了英国对湿地的人性化利用，如粮食生产、茅草生产、防洪和建设可持续花园等。

这个中心的一个大型拓展项目就是教育人们湿地在促进生物多样性和可持续发展时所起的重要作用。还有一个积极的研究项目聚焦于了解栖息地的建立对水禽的作用。

参考资料

France, R. "Barnes Reservoirs to the Wetland Center (London)." In *Reclaimed!: Recovery Processes and Design Practices for Post-Industrial Landscapes.*

The Wetland Centre. Brochure, 2000.

"Wetland Centre Monitoring Project: 20th Progress Report: 1st July–30th September 2000." In *The Wetland Centre Report*. London, UK: 2000.

图 3–144

10. 杭州花圃

（中国杭州，西湖）

- 美丽的水上花园
- 极简水质改善

位于著名的西湖边的杭州花圃建于 1956 年，占地 63 英亩。每年有 1200 万人来此参观，1000 多年来，许多诗人为这里优美的风景留下了佳作。这个花圃的主要目标是收集大量的当地树木和盆景植物。水景园的艺术在中国历史悠久，所以在西湖周围已有众多优美的水景。因此，花圃决定围绕中心建筑建造湿地。

传统水景园中大部分的元素在这里都得到了运用，包括复杂的几何形体、如雕刻般的驳岸、岛屿、沉思椅、观鱼和钓鱼的平台、蜿蜒的步道和耸立的高塔。每个建筑的安置都考虑与其他景物形成框景。中心建筑在湿地的一侧，挑出水面，从餐厅里可以欣赏到室外美景。人们可以通过台阶到达屋顶，在此眺望湿地全景。

然而，目前这个人工湿地的功能主要是美学意义上的园林。只有在极端暴雨时期，当被污染的河流里的水溢流到花圃时，它才会发挥

图 3–145

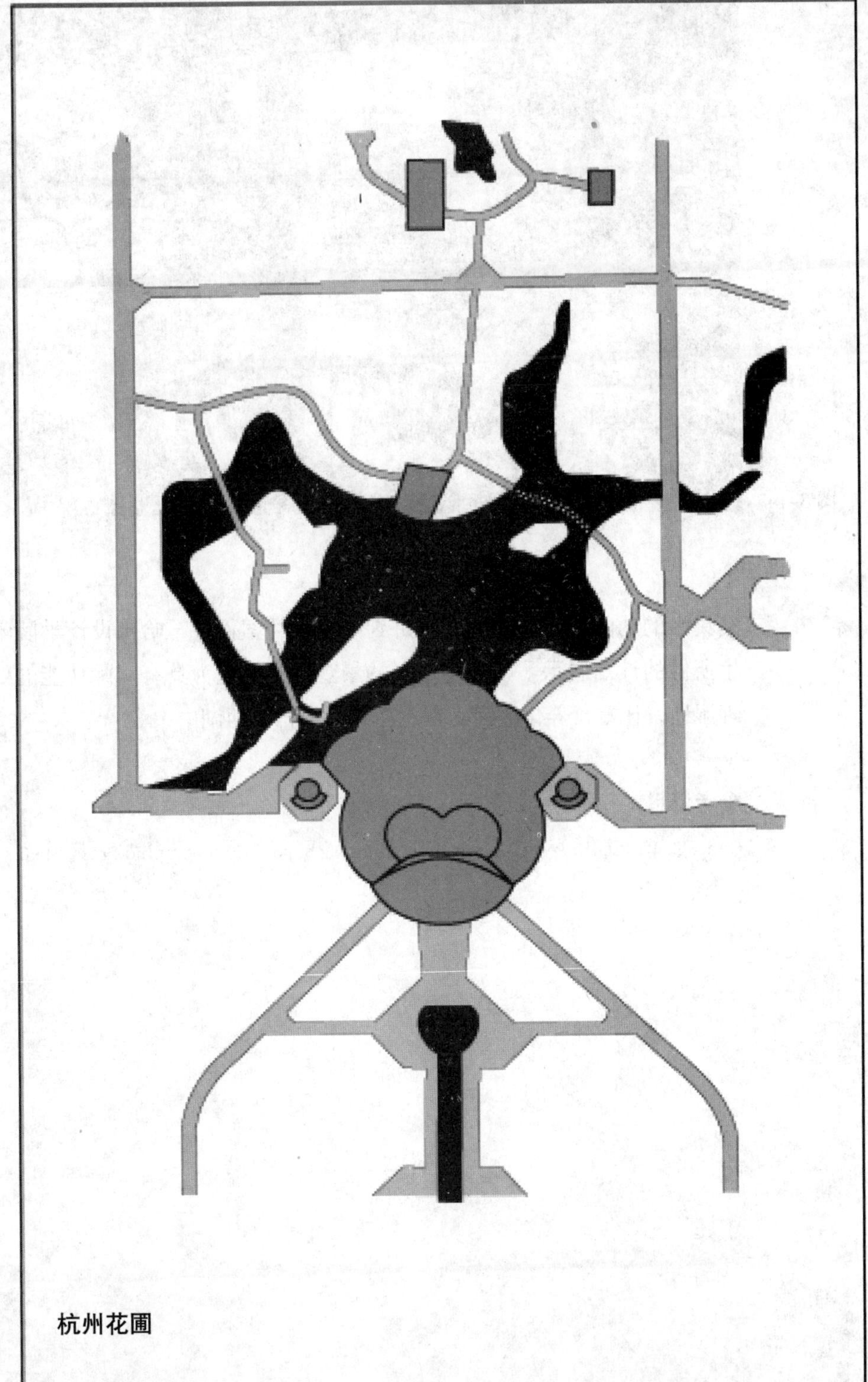

图 3–146

图 3–147

其集水的功能。在本书第 2 章讲到的流域的案例中，哈佛设计学院学生所做的计划展示了如何将现有的景观湿地转变为具有实际功能的处理湿地，让富营养化的河水在此净化后再排到西湖中去。

参考资料

Gang, C. *West Lake Poetics.* Hangzhou, China: Zhejiang Photographic Press, 1996.

11. 梅多布鲁克池塘与野生生物栖息地公园

（美国华盛顿州，西雅图，莉迪亚·艾尔雷德格、佩吉·嘉盖纳和凯特·维德——西雅图公共事业局，西雅图艺术委员会联合设计）

- 雨水滞留
- 栖息地恢复
- 公共艺术的展示
- 教育

桑顿河是西雅图最大的流域，就像其他流域一样，它常常遭受雨洪的袭击和侵蚀冲刷。作为集水区项目修复的一部分，它包括河道照明（开挖埋水）、重建鲑鱼栖息地，以及把一个旧污水处理厂改造成占地 9 英亩（4 公顷）的岸边湿地。

由入水堰、溢流渠和重新排列的河流组成的复杂系统在设计中凸显出来，以教育游客城市化对水资源管理的影响。解说牌可以让游客讨论这方面的知识，并了解到栖息地恢复对生活在城市水岸和湿地物种生存的重要性。例如有一个解说牌是这样叙述的：

> **这个场地是如何运转的?**
>
> 这是一件艺术作品，既是远离城市喧嚣的场所，也承担雨水处理的使命。当溪流的水量达到一定高度时，就会流向这个池塘，同时流速减缓，并把污染物沉淀在石堰中。之后，水流继续通过主水渠流向池塘，向北流经一座小桥，同时经过小桥南侧的一条副水渠。池塘里的水再次与溪流汇合。当到达容量极限时，溪流和池塘里的水就会倒流入排水管中，绕过更低的桑顿河，在地下一直流到东边，直达华盛顿湖边的马修沙滩才露出地面。洪水在这样的集水区是很常见的，而这个系统可以有效地防洪，并通过减缓河道中急速的水流，使污物得以沉淀和去除，以此来达到净化水质的效果。

湿地本土挺水植物和岸边的本土树木吸引了大量的水禽来此栖息，岛屿也有这个功能，其中几个岛上还保留了之前的树木。场地附近的一所学校就在这里进行湿地园艺教学活动。

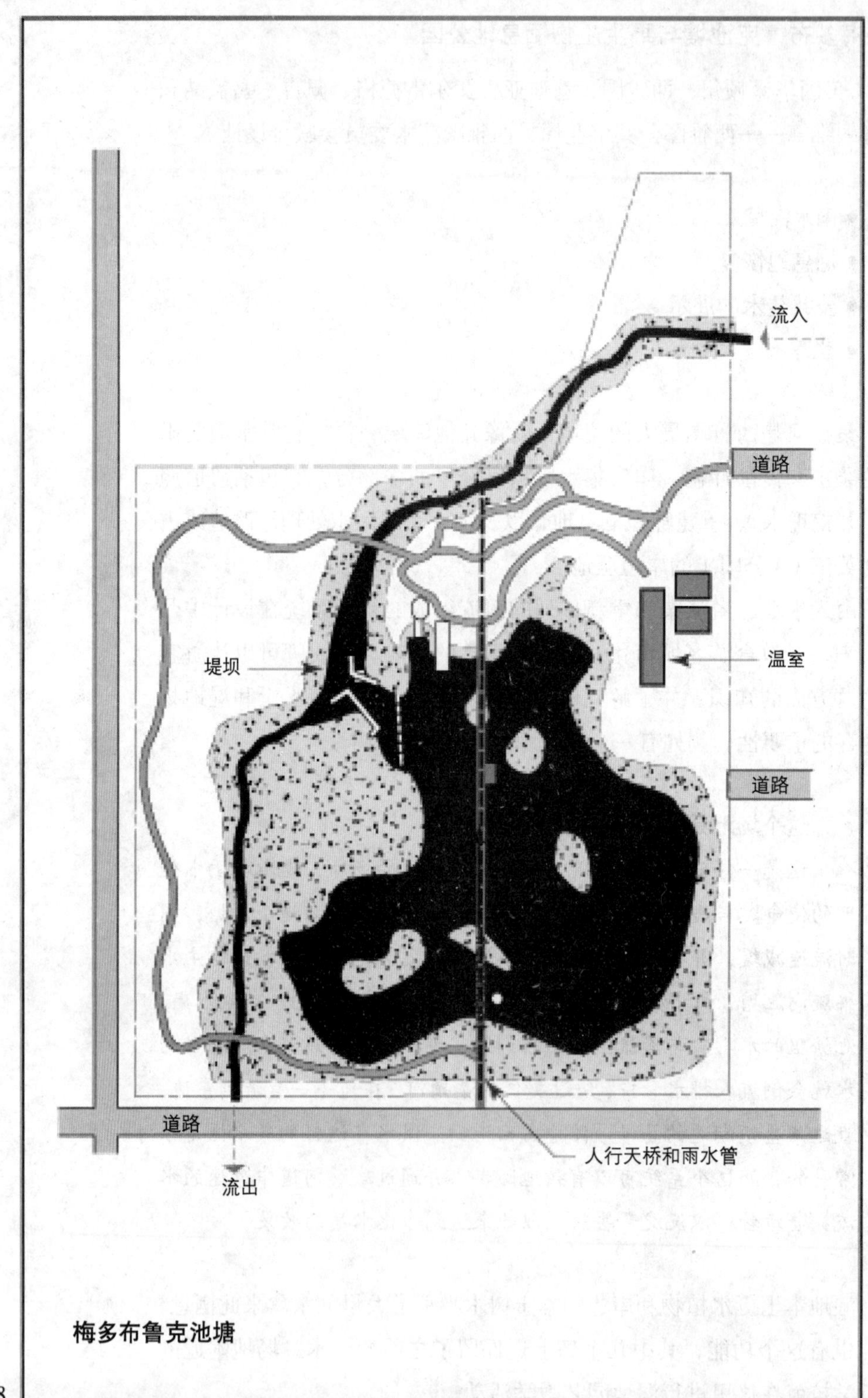

图 3-148

图 3–149

这个项目特别重视设置并广泛使用公共小品设施。小桥、游览小径、木栈道可以让游客们蜿蜒而行，穿过这个湿地。从滞留池挖出来的材料可以塑造各种地形，道路绕其而过。还有几个装置艺术品放置在带有座椅的广场上，包括一个回声板，它能集中采集水流从堤坝上冲刷产生的声音。

参考资料

MacElroy, W.P., and D. Winterbottom. "Stormwater Ponds." *Landscape Architecture* 4/00 (2000): 48–54.

图 3–150

12. 水污染控制实验室

（美国俄勒冈州，波特兰，穆拉斯合伙人设计）

- 雨水处理
- 教育
- 美学

波特兰环境服务局研究实验室的工作是监测城市水质。这个实验室发现虽然附近的标识牌已向人们发出关于健康的警告——暴雨后的混合排放将带来污染。但他们还是想要通过实例来引导并做一个展示项目，让人们更直观地看到污水处理过程，而不是把它隐藏起来。

这个场地坐落在威廉密特河河岸，承担着占地 50 英亩（20 公顷）的居住和商业区的排水，这里有一个工业仓储地和一个废弃工厂。通过长期让居民表达自己意愿的社区参与活动，人们传统观念中的滞洪区就转变成了充满活力的湿地，在这里雨水受到欢迎，目前类似的项目还很少。

创新工作从围绕建筑周边的环境开始。停车场上有实验性的排水沟，这里电子增强的堤的反馈信息可以直接发送到实验室，而保持不间断的监视。建筑采用传统的排水沟和有特色的屋顶槽收集雨水，并送到入口附近的雨水花园。

然而，这个湿地本身的目的就是吸引人的注意力，雨水管理已上升到艺术的形式。来自邻里排水管道里的水要先通过一段优美的、由石头做的驳岸减浪引水槽后，进入湿地。在颗粒物沉淀后，水流经过河床一侧的羽状带孔排水管排出。开敞池塘的上端筑有半圆形玄武岩石墙，高出水面 2~8 英尺（0.5~2 米）。这石墙让水流转向，从而增加其停留的时间，因此提高了净化水的质量。只有在极端暴雨时，雨水直接进入溢流管而排入河道中；而在一般情况下，雨水在排入河道前要渗透到地下做进一步的净化。

在这里植物的选择得到重视，既有水岸边的传统湿地挺水植物，如香蒲和灯芯草；也有滨水花园用的观赏草。尽管这个项目的目的不是做动植物的栖息地，但是水禽和鱼类都来此生活。此外，从办公室

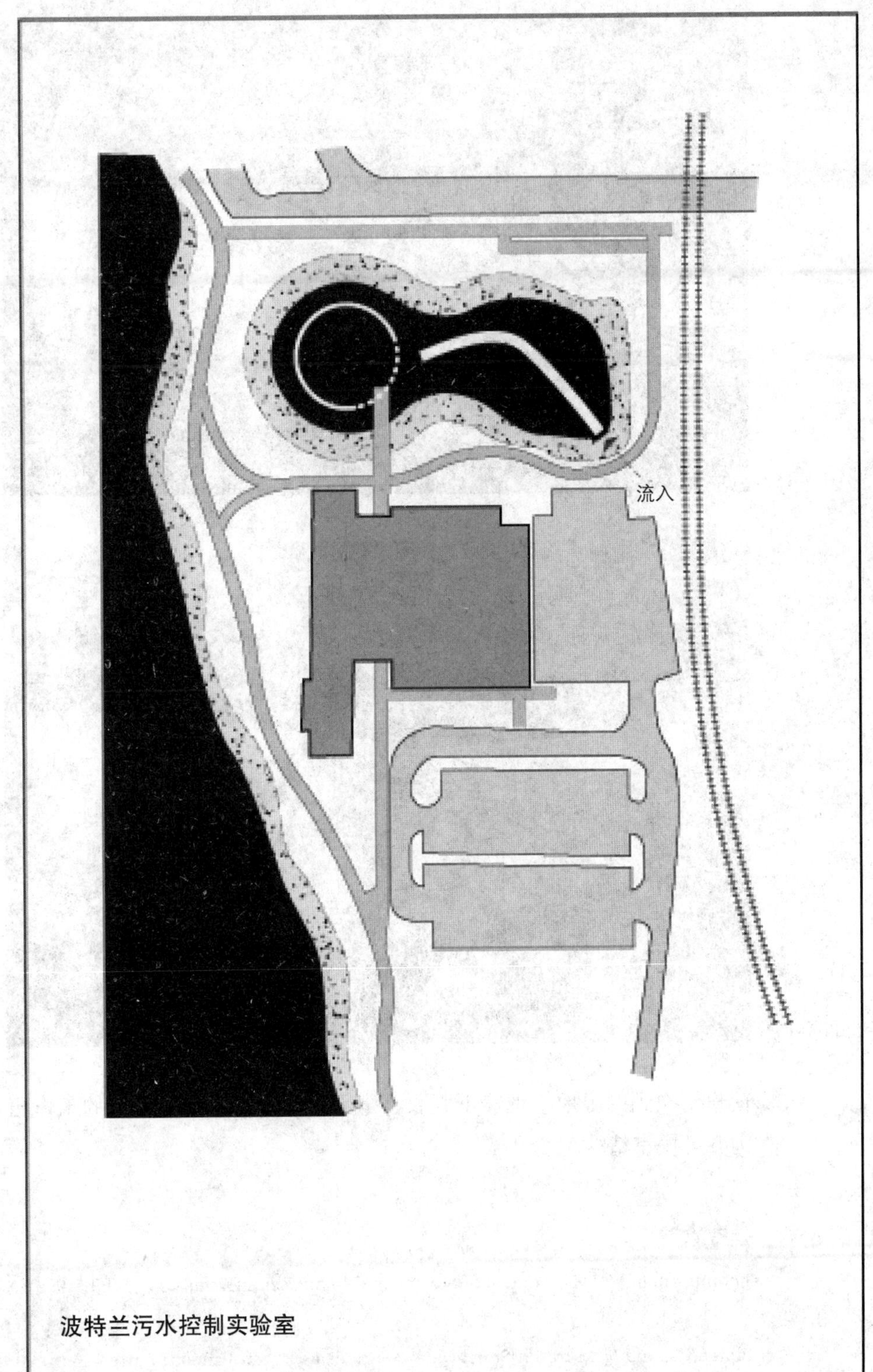

图 3–151

图 3-152

图 3-153

窗户俯瞰到的湿地景观美不胜收，毫无疑问这可以减轻人们的工作压力并且振奋精神。

参考资料

Thompson, J. W. "The Poetics of Stormwater." *Landscape Architecture* 1/99 (1999): 58–63.

Liptan, T., and R. Murase. "Stormwater Gardens as Urban Infrastructure." In *Handbook for Water Sensitive Planning and Design*.

13. 珀塔瓦特健康村

（美国加利福尼亚州，阿卡塔，洪堡尔特水资源公司）

- 创造人类舒适的设施
- 湿地恢复
- 雨水滞留

加利福尼亚州的阿卡塔最近正在建设一个健康设施，它的服务对象是来自 9 个部落的 13000 多个美国印第安人。美国印第安健康服务组织的工作要求就是在这个医疗所的周边设计一个占地 40 英亩（15 公顷），集健康、社区和环境于一体的多用途景观。在这里，除了有发汗室、舞池和健康花园外，湿地将作为精神和文化方面的传统治疗内容。

场地雨水有效的管理方式有，采用种有植物的排水沟和沉淀池、减少不透水地面，以及创造一个互相连接的湿地系统。这个湿地系统巧妙地适应了当地的地形，因此减少了洪水对这个已规划开发地块的威胁。

由于周围景观的水文环境的变化，现存的那些潮汐湿地已经开始退化。这些湿地的恢复就要通过挖掘和重建自然草的草甸和林地，并

图 3–154

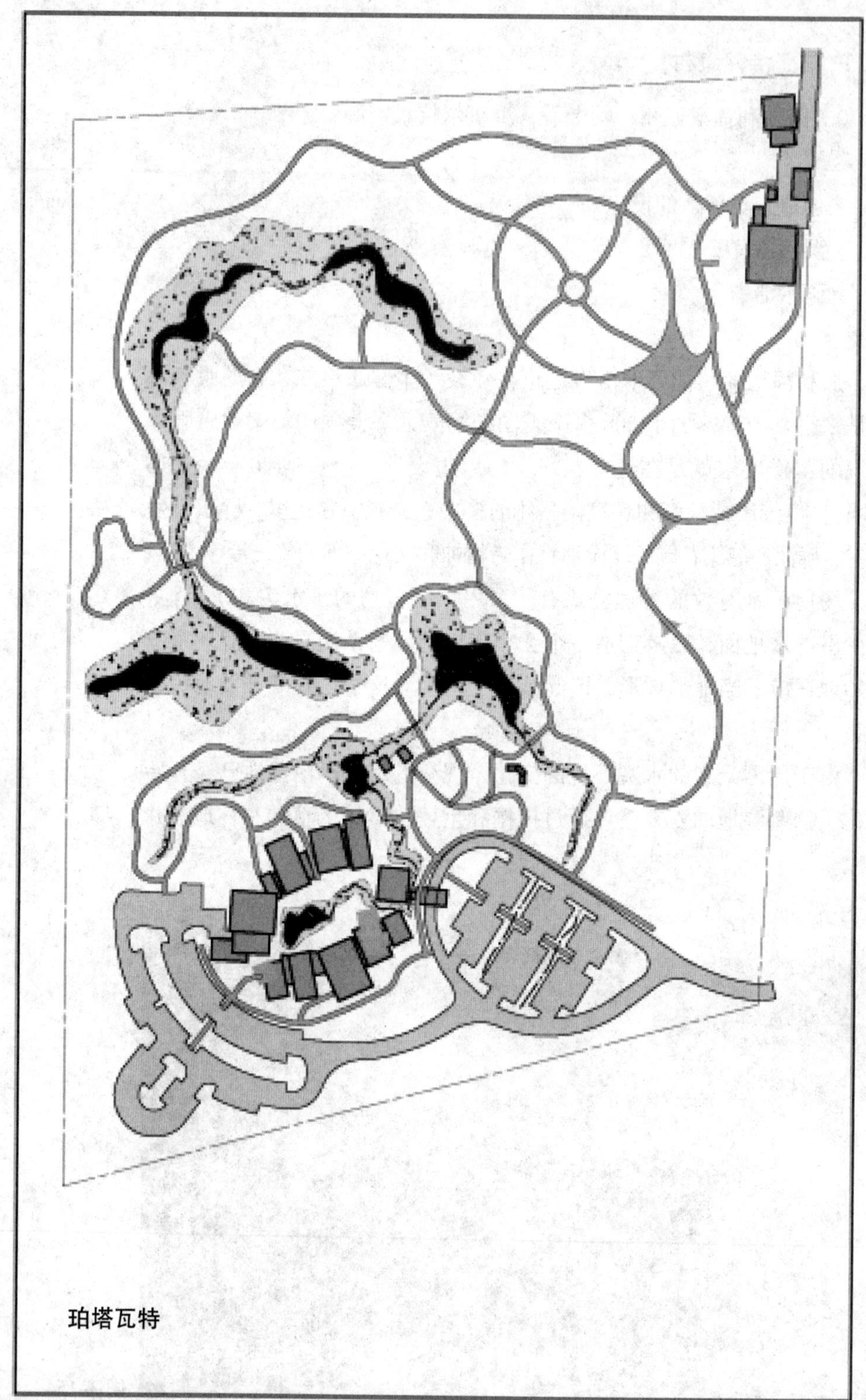

图 3–155

图 3–156

以此作为促进野生生物生长的协调工作的一部分。

总之，这些恢复过的湿地的设计目的是提升人们对于休养和康复的认识，加强该中心健康和治疗方法的基础。娱乐活动安排在设有小径和座椅的网络里，人们可以在此处散步、慢跑、观察野生生物和野餐；当然，也可以进行冥想和反思。

这里的植物都经过精心挑选。出于文化方面的考虑，某些湿地区域种植用于手工艺的植物和药用植物。

游客可以通过解说牌和信息亭了解湿地的功能，如雨水储存、改善水质、恢复野生生物栖息地和本土植物的治疗效果。

参考资料

Kadlecik, L. "United Indian Health Services' Potawot Health Village: Integrating Health, Community and the Environment." Unpublished. Arcata, CA: 2000.

Kadlecik, L. "Wetlands and Wellness." In *Brown Fields and Gray Waters: Restoring Post-Industrial and Degraded Landscapes.*

14. 耐克总部

（美国俄勒冈州，比弗顿，梅尔 / 雷德 – 穆拉斯合伙人设计）

- 雨水的滞留
- 改善水质
- 恢复栖息地
- 娱乐场地和员工的福利
- 创造场地个性

耐克公司为了在陷入新闻的负面报道后给员工增加信心，也为了对环境更加友善，将它之前分散的办公楼集合成一个园区。这个扩大的园区，坐落在一个由 20 英尺（7 米）高的护堤环绕的场地里。这样让员工更有庇护所般的安全感。这个设计通过将建筑内部的铺装广场和整齐修剪的景观与外部湿地的粗犷野趣形成对比。

在北入口处矗立着一道壮观的曲面石墙，石墙上有独立渗流水形成的瀑布。让人感到意外的是，这个水景是同附近的一个湿地相连接的，这个湿地也是环绕场地的 10 个湿地里的第一个。本着对周围邻里友好的态度，从周围进入场地内的雨水都被收集起来，流入一系列复

图 3–157

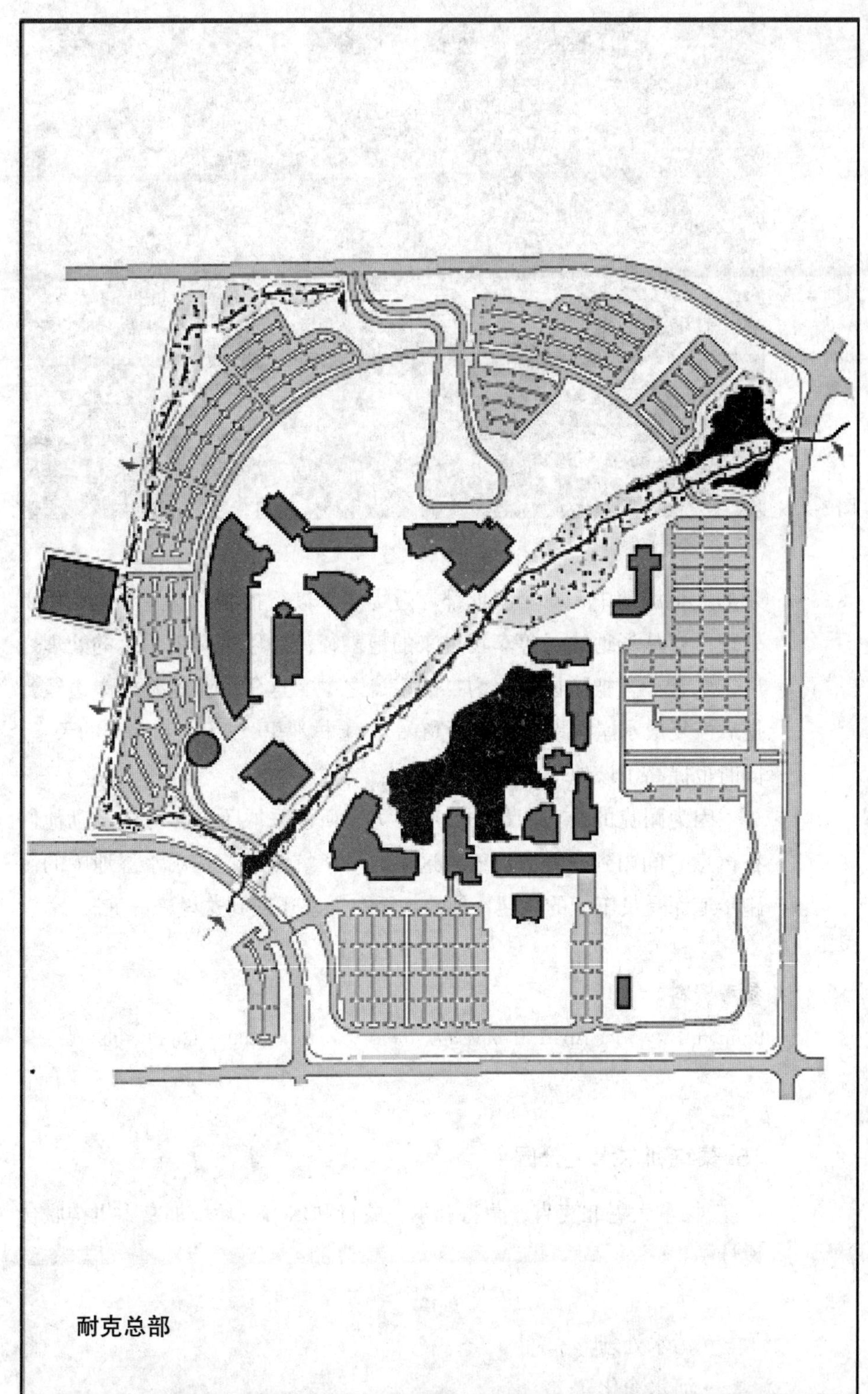

图 3-158

图 3-159

杂的人工湿地中，每个湿地都通过堤堰来进行控制。这些湿地还用来处理所有从场地边缘停车场过来的地表径流。经过湿地系统的处理之后，水就汇入把园区一分为二的溪流之中。这条溪流的几处岸边经开挖后恢复成水岸湿地。它们在原有的本土林地里,成为无数水禽的天堂,同时也提高了该地块的防洪能力。

因为耐克的员工们都非常有活力，所以采取了许多方法鼓励他们在休息时间内到户外去放松。这里有一条蜿蜒穿行在雨水湿地中的慢跑步道深受员工们的欢迎，他们甚至在周末还回到这里来锻炼。

参考资料

Bennett, P. "Worlds Apart." *Landscape Architecture* 8/00 (2000): 60–69.

15. 蒙特利尔水上公园

（加拿大魁北克省，蒙特利尔，蒙特利尔市—环境加拿大机构联合设计）

- 污水处理
- 河水净化

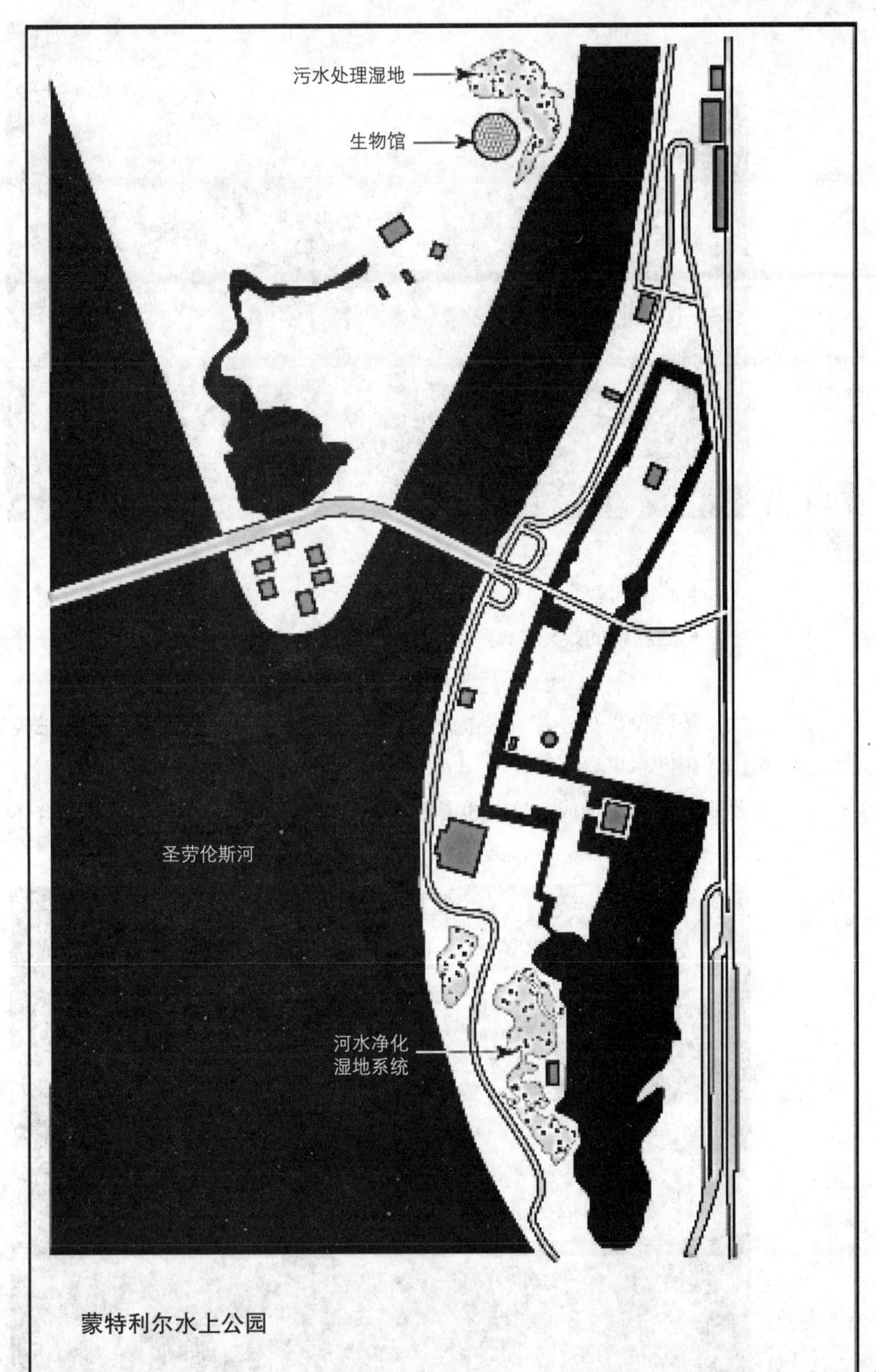

图 3-160

图 3–161

- 旅游与教育
- 栖息地的娱乐

圣海伦岛位于横穿蒙特利尔中心的圣劳伦斯河的中部，曾经被英国人用做军事要塞防御美国人的入侵。它与河对岸的圣母院都很著名。是用施工弃土堆成，这儿也是 1967 年世博会所在地。这个岛屿综合体

图 3–162

占据了原世界博览会的场地，其设计是为唤醒公众对湿地环境重要性的意识。

当时的美国馆已改为“生物圈”，作为环境教育中心，这里的先锋实验项目向公众和业界展示湿地植物可以为温带的小型社区进行简单、经济而有效的污水处理。经过在化粪池里的初步处理之后，建筑的污水以每天 4000 加仑（15000 升）的流量排入平行的芦苇潜流床，接着又流入两个连续的地表湿地，这里种有香蒲和其他植物。它们具有较强的去污和充氧的能力。这个湿地总共净化的表面积为 8600 平方英尺（800 平方米），它可以处理掉 80% 的固体悬浮物、耗氧物和磷。

在旧加拿大馆和新汽车大奖赛的赛道旁有一个半英亩的湿地，它向游客展示了魁北克北部的泥炭资源产业。这里的 1000 多块泥炭来自北边 900 英里（1900 公里）詹姆斯海湾的沼泽，每块重达 1200 磅，这些泥炭块重组后就如同巨大的猜谜图。对于地表和地下水文的特别关注可以将不协调的湿地保持在半自然的状态。

由于这个岛上要开发一个用于帆船和游泳娱乐项目的小湖，所以布置了占地为 50 英亩（20 公顷）的湿地系统来过滤和处理从附近河里抽上来的水。一旦湖区被河水填满后，水流会通过四个湿地进行循环，最后经过紫外线处理后，流经湍滩之后再次排入湖区。事实上，当游客们泡在经过湿地净化的清水中时，这就是一个难以置信的环境教育机会。因此，在附近，设有解说亭来介绍湿地在水上娱乐活动中所扮演的角色。

参考资料

City of Montreal and Environment Canada. "Island Trilogy Sustainable Development: From Ideas to Action: Parc Jean-Drapeau and Biosphere." Brochure. Montreal, CA: City of Montreal, 2000.

Environment Canada. "St. Lawrence Technologies: An Extended Wastewater Treatment System." Brochure. Montreal, CA: 1996.

Environment Canada. "The Biosphere: Where Water Tells Tales." Brochure. Montreal, CA: Ecowatch Centre, 2000.

Vincent, G. "Artificial Marshes to Maintain Water Quality: The Beach of Ile Notre-Dame." Water Pollution. *Research Journal of Canada* 27 (1992): 327–339.

16. 自来水厂湿地公园

（美国华盛顿州，伦顿，洛娜·乔丹—琼斯与琼斯事务所设计）

- 雨水处理
- 公共设施
- 教育与艺术活动

这个湿地公园属于公共艺术项目，这是经过长时间与土木工程师研讨开发的可行性之后才确定下来的。湿地公园占地 8 英亩（3 公顷），由人工湿地和沉降池组成。它可以处理污水处理厂的 50 英亩（20 公顷）的道路和停车场的地表雨水。

由于空间所限，湿地公园必须建在原来的高尔夫球场的球道上，即污水处理厂的上坡。因此，要移走 2 万多立方码（15000 立方米）的土方，把湿地做成台地状。从空中鸟瞰，整个场地设计得像一个巨大的花朵。按照水从高处往下流的规律，设计有 5 个主题性的“房间”，象征着从文明到野蛮的历程。

污水处理厂的地表雨水由泵抽到小土山上，这里的玄武岩柱廊可以通向观景台。那些基础设施都被精心设计成人们可以看见的景观。游客可以看到由泵抽上来的水向下流过柱子之间的格栅，然后再进入

图 3–163

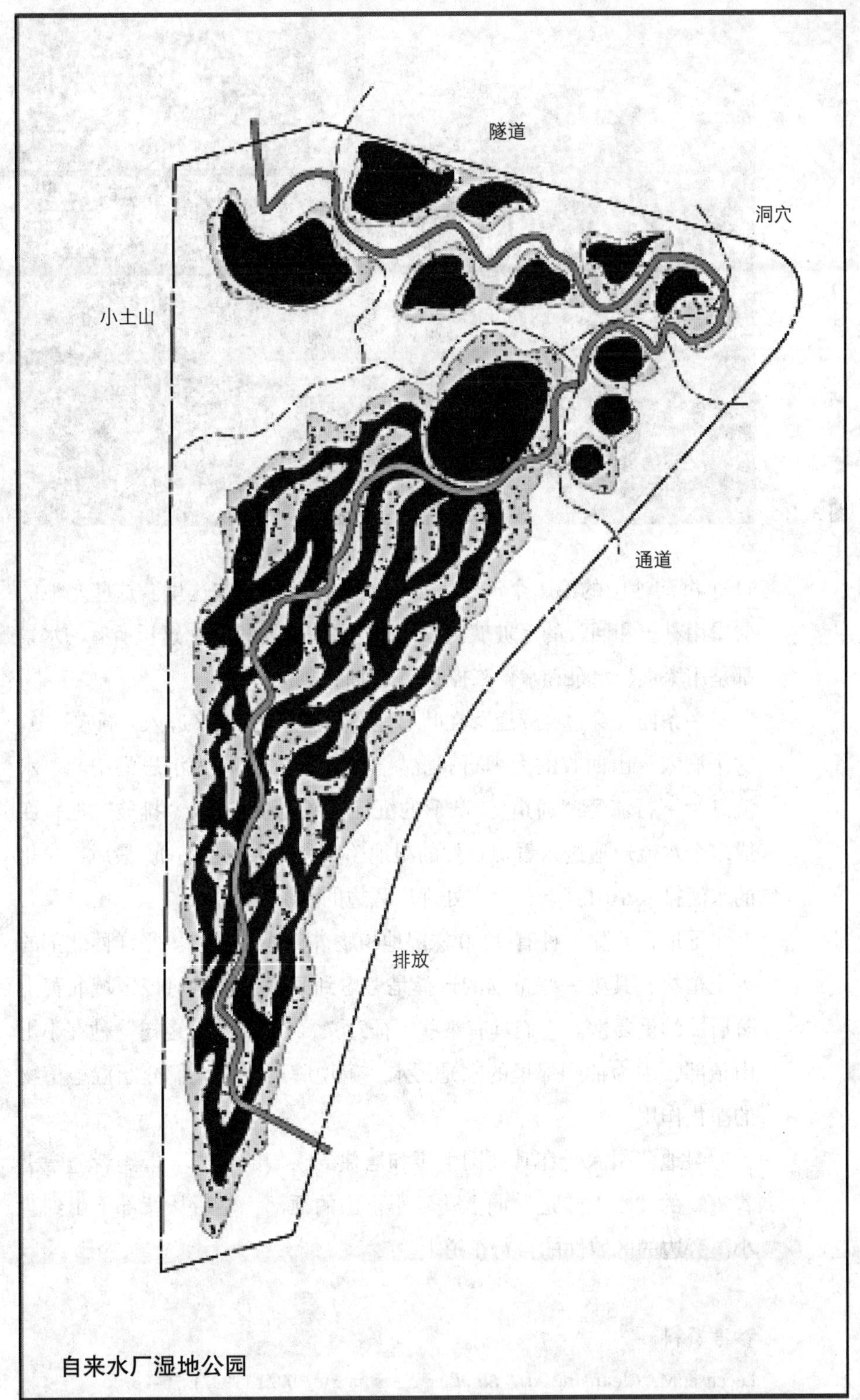

图 3-164

图 3-165

11 个沉淀池中的第 1 个池子，水中的颗粒就沉淀在这里。这些水池的驳岸用黏土和回收的毛玻璃制作，池边种有挺水植物。这里所有的水景都是用堤坝、水泵和水渠来控制水文条件。

一条曲径穿过“隧道”,在叶形池的周边迂回,最终进入“洞穴”中。这个洞穴，由回收的大理石和混凝土制品建成，作为沉思的空间。水流继续下行流经“通道”（圆形的沉淀池），最终进入“排放”池，变成多个水流通道进入看似自然的湿地（实际为人工创造）。最后，净化的水流排入小山脚下、污水处理厂旁边的溪流之中。

湿地公园除了种有 9000 株湿地植物外，还选择了太平洋西北部的乡土植物，其中一些植物的选择是考虑到民族植物学对该区域北美土著居民的重要性。它们具有某些象征意义，例如，“厄运树”种在小土山顶部，因为抽到那里的水是污水。解说牌可以向人们介绍湿地植物的净化作用。

湿地公园深受在其周围上班和居住的人们的喜爱。慢跑者通常沿着蜿蜒的“水上步道”向上达到小土山的顶部，然后从背部下山到达小溪旁边的区域性的自行车道上。

参考资料

Leccese, M. “Cleansing Art.” *Landscape Architecture* 97/1 (1997): 70–76.

17. 拙政园

（中国苏州）

- 私家风景设施
- 大众旅游
- 园林史

在 16 世纪中叶，一位退休的官员创造了世界上最美丽的园林之一。该园名为“拙政园”，总面积为 10 英亩（3 公顷），其中水面占五分之三。就像所有的苏州园林一样，拙政园实为“闹中取静”的隐居场所。游客不需出城，就能在此找到祥和与安宁。

正如中国的古代园林那样，拙政园没有统一的几何对称和秩序，但它恰恰能让游人层层发现一个又一个优美的空间。重重景墙营造出圣殿的氛围，建筑的外廊、门廊和廊桥将室内外空间融为一体。这种朴雅更激发了人们探索的欲望。

由小桥连接起来的岛屿，把三个大水面划分成了小巧、亲切的空间。巧妙布置的月洞门把湿地作为框景，如同一幅幅画卷。在这样的文人园林中，陆生植物的选择具有象征意义；与之相比，植物的色彩

图 3–166

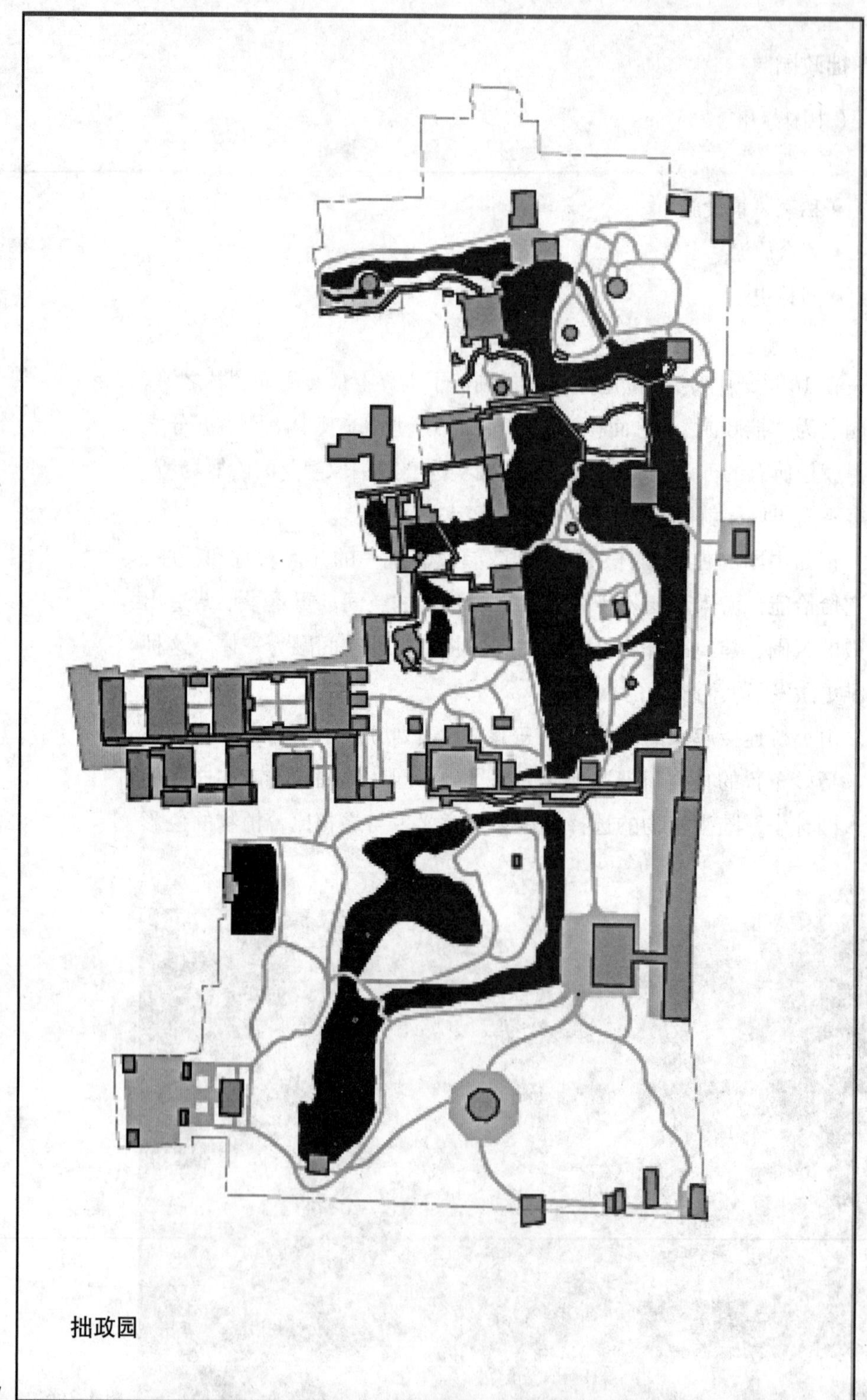

图 3–167

图 3-168

和装饰性都不那么重要了。水中主要种有荷花，其婀娜多姿的花朵巧妙地与周围假山和建筑的硬质界面形成了对比。

在今天，经过数十年的整修，拙政园已成为苏州园林中最大的，也是最美丽的水景园。如果你要避开每天数千名游客的话，就要一大早来到这里。

参考资料

Gil, M. *Nature Perfected: The Story of the Garden.* Program Two: Ancient Spirits: China and Japan. Public Media Video. London, UK: Public Broadcasting System, 1995. Videocassette.

Wood, F. *Blue Guide: China.* New York: W. W. Norton & Co., 1992.

Zhou Zheng Garden. Suzhou, China: Ge Wu Xuan Publishing House, 1994.

参考文献

KEY REFERENCES

The following references were the sources for much of the material in this book. Highlighted sources represent components very useful (single asterisk) or essential (double asterisks) to any personal or office library for those seriously wishing to specialize in the design and creation of wetlands for environmental improvement or loss-replacement mitigation. Sources include books, symposia proceedings, reviews, and journals.

WETLAND MANAGEMENT

Good, R. E., D. F. Whigham, R. L. Simpson, and C. G. Jackson. *Freshwater Wetland: Ecological Processes and Management Potential.* New York: Academic Press, 1978.

Kent, D. M. *Applied Wetlands Science and Technology.* Boca Raton, FL: Lewid, 1994.

*Kusler, J., and T. Opheim. *Our National Wetland Heritage: A Protection Guide.* Environmental Law Institute, 1996.

Leitch, J. A., and H. R. Ludwig. *Wetland Economics, 1989–1993: A Selected, Annotated Bibliography.* Westport, CT: Greenwood Press, 1995.

Mulamoottil, G., B. G. Warner, and E. A. McBean. *Wetlands: Environmental Gradients, Boundaries, and Buffers.* New York: Lewis, 1996.

**Ramsar Convention on Wetlands.* Parts 1–9. Land, Switzerland: The Ramsar Convention Bureau, 2000.

WETLAND CREATION

**Bartoldus, C. C., and E. W. Garbish. *Evaluation for Planned Wetlands (EPW): A Procedure for Assessing Wetland Functions and a Guide to Functional Design.* St. Michaels, MD: Environmental Concern, Inc., 1994.

Bavor, H. J., and D. S. Marshall, eds. "Wetland Systems in Water Pollution Control." *Water Science and Technology* 29(4) (1994): 1–338.

**Campbell, C. S., and M. H. Ogden. *Constructed Wetlands in the Sustainable Landscape.* New York: John Wiley & Sons, 1999.

*Davis, L. *A Handbook of Constructed Wetlands. A Guide to Creating Wetlands for: Agricultural Wastewater, Domestic Wastewater, Coal Mine Drainage.* Stormwater. U.S.E.P.A. Volumes 1–5. Washington, DC: Government Printing Office, 1995.

*Dunne, K. P., A. M. Rodrigo, and E. Samanns. *Engineering Guidelines for Wetland Plant Establishment and Subgrade Preparation.* Wetlands Research Program, U.S. Army Corps of Engineers. Washington, DC: Government Printing Office,1998.

*Environmental Protection Agency. *Constructed Wetlands for Wastewater Treatment and Wildlife Habitat: 17 Case Studies.* Washington, DC: Government Printing Office, 1993.

**France, R., M. Tucker, and L. Johnston. *Landscape Architecture of Created Wetlands: 17 Virtual Visual Tours.* Sheffield, VT: Green Frigate Books, 2002. CD-ROM.

*Hairston, A. J., ed. *Wetlands: An Approach to Improving Decision Making in Wetland Restoration and Creation.* Washington, DC: Island Press, 1992.

*Hamer, D. A. *Constructed Wetlands for Wastewater Treatment—Municipal, Industrial and Agricultural.* Chelsea, MI: Lewis, 1990.

Kadlec, R. H., and R. L. Knight. *Treatment Wetlands.* New York: CRC Lewis, 1996.

**Kusler, J. A., C. Ray, E. Zinecker, K. Savio, M. Klein, and S. Weaver. *Guidebook for Creating Wetland Interpretation Sites Including Wetlands & Ecotourism.* Berne, NY: Associate State Wetland Managers, 1998.

Kusler, J. A., and M. E. Kentula. *Wetland Creation and Restoration: The Status of the Science.* Washington, DC: Island Press, 1990.

*Mansell, D., L. Christl, R. Maher, A. Norman, N. Patterson, and T. Williams. *Temperate Wetlands Restoration Guidelines.* Barrie, Ontario: Ontario Ministry Natural Resources, 1998.

*Marble, A. D. *A Guide to Wetland Functional Design.* Ann Arbor, MI: Lewis, 1991.

Means, J. L., and R. E. Hinchee, eds. *Wetlands and Remediation.* Columbus, OH: Batelle Press, 1999.

*Moshiri, G. A. *Constructed Wetlands for Water Quality Improvement.* Ann Arbor, MI: Lewis, 1993.

Mulamoottil, E. A. McBean, and F. Rovers, eds. *Constructed Wetlands for the Treatment of Landfill Leachates.* Boca Raton, FL: Lewis, 1999.

Olson, R. K., ed. "The Role of Treated and Natural Wetlands in Controlling Nonpoint Source Pollution." *Ecological Engineering* 1 (1992): 1–170.

Olson, R. K., ed. *Created and Natural Wetlands for Controlling Nonpoint Source Pollution.* Boca Raton, FL: CRC Press, 1993.

*Pierce, G. J. *Planning Hydrology for Constructed Wetlands.* West Clarksville, NY: Wetlands Training Institute/Southern Tier Consulting, 1993.

Reed, S. C., R. W. Crites, and E. J. Middlebrooks. *Natural Systems for Waste Management and Treatment.* New York: McGraw-Hill, 1998.

Reddy, K. R., and P. M. Gale, eds. "Wetland Processes and Water Quality: A Symposium." *Journal of Environmental Quality* 23 (1994): 875–1625.

Reddy, K. R., and W. H. Smith. *Aquatic Plants for Water Treatment and Resource Recovery.* Orlando, FL: Magnolia, 1987.

*Southern Tier Consulting. *Wetland Construction and Restoration.* West Clarksville, NY: Wetland Training Institute, 2000.

Thunhorst, G. A. *Wetland Planting Guide for the Northeastern United States: Plants for Wetland Creation, Restoration, and Enhancement.* St. Michaels, MD: Environmental Concern Inc., 1993.

United States Department of Agriculture. "Wetland Restoration, Enhancement, or Creation." In *Engineering Field Handbook.* U.S.D.A. Soil Conservency Service. Washington, DC: Government Printing Office.

Vymazal, J., H. Brix, P. F. Cooper, M. B. Green, and R. Haberl, eds. *Constructed Wetlands for Wastewater Treatment in Europe.* London: Backhuys, 1998.

**The Wetland Journal.* St. Michaels, MD: Environmental Concern Inc., 1997–2000.

WATER GARDENS

Burrell, C. C., ed. *The Natural Water Garden.* Brooklyn, NY: Brooklyn Botanic Garden, 1997.

*Glattstein, J. *Waterscaping: Plants and Ideas for Natural and Created Water Gardens.* London, UK: Garden Way, 1994.

Jansen, A. *Success With Plants for Your Garden Pond.* Putney, England: Cavendish Books, Merehurst Ltd., 1994.

Stadelmann, P. *Success With Your Garden Pond.* Putney, England: Cavendish Books, Merehurst Ltd., 1989.

Stein, S. *Water Gardening.* Abingdon, England: Transedition Books,1994.

Thomas, C. B. *Water Gardens: How to Plan and Plant a Backyard Pond.* Boston, MA: Houghton Mifflin, 1997.

Water Gardens. Menlo Park, CA: Sunset Books Inc., 1997.

WETLAND HISTORY, LOSS, DEVELOPMENT PRESSURES, AND MITIGATION

Hey, D. L., and N. S. Philippi. *A Case for Wetland Restoration.* New York: John Wiley & Sons, 2000.

**Salvesen, D. Wetlands: *Mitigating and Regulating Development Impacts.* Washington, DC: The Urban Land Institute, 1994.

Vilesisis, A. *Discovering the Unknown Landscape: A History of America's Wetlands.* Washington, DC: Island Press, 1997.

Wetland Mitigation. *Ecological Applications* 6 (1996): 33–163.

WETLAND CULTURE

*Giblet, R. *Postmodern Wetlands: Culture, History, Ecology.* Edinburgh: Edinburgh University Press, 1996.

**Hurd, B. *Stirring the Mud: On Swamps, Bogs, and Human Imagination.* Boston, MA: Beacon Press, 2001.

*Wilson, S., and T. Moritz. *The Sierra Club Wetlands Reader: A Literary Companion.* San Francisco, CA: Sierra Club Books, 1996.

WATERSHED-SCALE PLANNING

**Dramstad, W. E., J. O. Olson, and R. T. T. Forman. *Landscape Ecology Principles in Landscape Architecture and Land-use Planning.* Washington, DC: Island Press, 1996.

*Environmental Protection Agency. *Top 10 Watershed Lessons Learned.* Washington, DC: Government Printing Office, 1997.

**France, R., ed. *Handbook of Water Sensitive Planning and Design.* Boca Raton, FL: CRC/Lewis Publishers. In Press, 2002.

Kusler, J. A., D. E. Willard, and H. C. Hull, Jr. *Wetlands and Watershed Management: Science Applications and Public Policy.* Berne, NY: Associated State Wetland Managers, 1997.

Lyon, J. G., and J. McCarthy, eds. *Wetland and Environmental Applications of GIS.* Boca Raton, FL: Lewis, 1995.

"Wetland Mitigation in a Landscape Context." *Environmental Management* 12 (1988): 25: 130–80.

ADDITIONAL REFERENCES

The following references are for individual papers or reports not covered in the books or special journal issues listed previously. All sources are general reviews.

Cole, S. "The Emergence of Treatment Wetlands." *Environmental Science & Technology* 223 (1998): 218–223.

Ellis, J. B., R. B. Shutes, D. M. Revitt, and T. T. Zhang. "Use of Macrophytes for Pollution Treatment in Urban Wetlands." *Resources, Conservation and Recycling* 11 (1994): 1–12.

Environmental Protection Agency, Gulf of Mexico Program. *Constructed Wetlands and Wastewater Management for Confined Animal Feeding Operations.* Washington, DC: Government Printing Office, 1996.

Hamilton, H., P. G. Nix, and A. Sobolewski. "An Overview of Constructed Wetlands as Alternatives to Conventional Waste Treatment Systems." *Water Pollution Research Journal of Canada* 28 (1993): 529–548.

Jarman, N. M., R. A. Dobberteen, B. Windmiller, and P. R. Lelito. "Evaluation of Created Freshwater Wetlands in Massachusetts." *Restoration & Management Notes* 9 (1991): 26–29.

Malakoff, D. "Restored Wetlands Flunk Real-world Test." *Science* 280 (1998): 371–372.

Mitsch, W. J. "Combining Ecosystem and Landscape Approaches to Great Lakes Wetlands." *Journal of Great Lakes Research* 18 (1992): 552–570.

Rosen, D. K. "Wetland Restoration Step by Step." *Water Gardening Magazine* May/June (1997): 14–21.

Shutes, R., D. M. Revitt, A. S. Mungur, and L. N. Scholes. "Design of Wetland Systems for the Treatment of Urban Runoff." *Water Quality* 25 (1997): 35–38.

Taylor, M. *Constructed Wetlands for Stormwater Management: A Review.* Toronto, Ontario: Ontario Ministry of the Environment, 1992.

Tennessee Valley Authority. General Design, *Construction, and Operation Guidelines: Constructed Wetlands Wastewater Treatment Systems for Small Users Including Individual Residences.* Nashville, TN: Tennessee Valley Authority, 1991.

Williams, T. "What Good is a Wetland?" *Audobon Magazine* November/December (1996): 42–53.

术语表

尽管本人小心地避免使用一些专业术语，然而这是不可能完全做到的。以下术语也许不能够让人立刻就明白其含义，在书中也没有做具体定义。

BIOLOGY 生物学

Cold fisheries 冷水渔业：包括各种重要的商业鱼类品种，如三文鱼、鳟鱼。

Emergent vegetation 挺水植物：典型的长得高的沼泽植物，比如香蒲，其长势都高出水面。

Invasive exotics 外来入侵物种：非本地植物品种，其特点是会快速繁殖成群落。

ECOLOGY 生态学

Ecotones 生态交接带：不同生态系统交界的模糊空间。

Functional attributes 功能属性：与动态变量有关，例如种群的增长率或者系统的生产力。

Guild analysis 种群分析：具有相似的生态或进化特征的有机体群体。

Riparian 滨水地带：位于陆地与水生环境之间的特殊生态交接带。

Succession 自然演替：在系统熟化过程中所发生的一些物种被另外一些物种所系列性替代的自然过程。

Trophic structure 营养结构：描述生态群落中的食物网。

GEOCHEMISTRY 地球化学

Budgets 预算：一个生态系统中某个元素所有输入与损失的质量平衡计算。

Mass loading rates 质量负荷率：从所有来源中得到的元素输入速率（单位时间的数量）。

HYDROLOGY 水文学

Channelization 沟渠化：将蜿蜒的河道裁弯取直。

Daylighting 日照：将被埋的城市河流顶部打开，使其接受日光的过程。

Dissipater 分流装置：湿地入口的岩石块体，可以减慢并分散大量流入的雨水。

Drawdown 排干水：有意使湿地脱水的过程。

Freeboard 出水高度：从水表面到控制护堤或堰的顶部的垂直距离。

Groundwater recharge 地下水补给：通过土壤地表径流，缓慢渗透进地下水库的水，作为溪流的水源。

Weirs 堰：调节水流的水利设施。

STATISTICS 统计学

Multiple regression models 多元回归模型：描述一个数字变量与其他一系列潜在决定变量的强度关系的数学表达式。

WETLANDS 湿地

Internal microtopography 内部微观地形：例如边坡这样的结构，可以引导水流的路径。

Treatment cells 处理单元：在与水流相互联系的湿地里面的部分独立自含水区域。

Order 顺序：指景观中的自然湿地的空间位置，从位于流域上游的初阶系统到位于远处下游的高阶系统

Polishing 精析：处理湿地中水体净化的最后阶段；此时，大量的污染物由之前的处理单元去除。

译后记

2006~2007 年，我在美国哈佛大学设计研究生院（GSD）风景园林系做访问学者时，认识了罗伯特·弗朗斯博士，他是一位充满智慧和洞察力的、治学严谨的优秀学者和教师。我认为他的这本《湿地设计》，与我在中国大陆所见到其他类似书籍很不相同，他深入浅出地把复杂的、涉及面甚广的湿地设计的研究理论与设计相结合，并通过简单的图示语言和实际案例，巧妙地引导读者进入了湿地设计这一激动人心的领域。而这也正是我推荐翻译此书的原因。

罗伯特在书中首先简要介绍了湿地的由来和作用，并引入了湿地损失、累积景观影响、替代减补和湿地创造等重要的基本概念，论述了湿地营建场所的原则、场所选择、规划方法，以及建设后的评价等。他用“马萨诸塞州湿地恢复”等 10 个案例来阐述湿地在创建时所采用的方法。随后，他详细探讨了湿地的位置、形状、岸线、坡度以及深度的设计、水位的控制、湿地植物的选择，以及美学的考量。最后，他又分析了 17 个精彩的综合性湿地项目。难能可贵的是，这些案例来自 60 多个已发表的学术研究成果，反映的是现实中的案例，而不是理论上的湿地设计项目。尽管罗伯特声明此书是一本启蒙书，但我认为该书思维缜密，信息准确，论述精炼，令人深思，值得一读。

当然，在湿地的设计与营造中，我们还走在一条探索的道路上。这是一个多变、复杂的领域，需要有风景园林师与水力学、植物学、动物学、生物学、环境保护学、土木工程学、生态学等方面专家组成团队的合作努力才能够胜任。

需要说明的是，虽然我们这一翻译团队做出了很大努力，但由于知识构架有限，译文肯定还有不当之处，敬请各位同行批评指正，以便将来可以更好地完善这一译本。

最后，衷心感谢罗伯特·弗朗斯博士的研究与奉献，衷心感谢中国建筑工业出版社和董苏华编审、张建副编审的耐心和鼎力支持。

刘晓明博士

北京林业大学园林学院，风景园林学教授、博士生导师

2015 年 3 月 28 日于北京